我想知！圖解 十萬個 為什麼 太空篇

我想知！圖解十萬個為什麼 太空篇

莎拉・克里達斯 著

新雅文化事業有限公司
www.sunya.com.hk

新雅·知識館

我想知！圖解十萬個為什麼
（太空篇）

作者：莎拉·克里達斯
(Sarah Cruddas)
翻譯：王燕參
責任編輯：劉紀均
美術設計：蔡學彰
出版：新雅文化事業有限公司
香港英皇道499號北角工業大廈18樓
電話：(852)2138 7998
傳真：(852)2597 4003
網址：http://www.sunya.com.hk
電郵：marketing@sunya.com.hk
發行：香港聯合書刊物流有限公司
香港荃灣德士古道220-248號荃灣工業中心16樓
電話：(852)2150 2100
傳真：(852)2407 3062
電郵：info@suplogistics.com.hk
版次：二〇二〇年七月初版
二〇二三年六月第三次印刷
版權所有·不准翻印

ISBN:978-962-08-7485-7
Original Title: *Do You Know About Space?*
Copyright © 2017 Dorling Kindersley Limited
A Penguin Random House Company

Traditional Chinese Edition © 2020 Sun Ya Publications (HK) Ltd.
18/F, North Point Industrial Building, 499 King's Road, Hong Kong
Published in Hong Kong SAR, China
Printed in China

For the curious
www.dk.com

目錄

宇宙

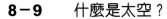

太陽系

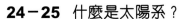

深太空

太空探索

打開第86頁，就會知道我是什麼時候成為第一位去太空的人。

打開第88頁，查出為什麼我會被送到太空去。

宇宙

宇宙是一個非常巨大的空間，而且還在不斷地膨脹。我們所知道的一切，如星系、恆星、行星和生物都在其中。

什麼是太空？

在無雲的夜晚，當你抬頭看漆黑一片的天空時，你就可以看到太空。太空遠比你眼睛所看到的更廣闊，包含了太陽、月球、所有行星和星星。此外，它還包含了很多我們尚未發現的東西。

我們如何探索太空？

望遠鏡

望遠鏡可以幫助我們觀察遙遠的太空。利用望遠鏡，我們可以看到那些因離我們太遠而無法前往的恆星和星系的影像。

探測器

探測器可以去到太空中那些人類目前無法到達的地方，幫助我們了解這些地方。

太空人

自從1960年代以來，人們已經開始前往太空，並在過程中進行不同的實驗。

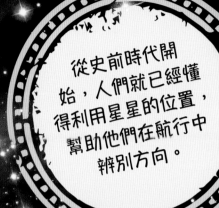

從史前時代開始，人們就已經懂得利用星星的位置，幫助他們在航行中辨別方向。

巨型星團

這個由大約3,000顆恆星組成的巨型星團看起來就好像一幕煙花。這個位於銀河系的星團稱為「維斯特盧2」。

恆星的搖籃

新形成的恆星都在一個稱為「分子雲」的區域誕生。

? 考考你

1 什麼是「分子雲」？

2 人們進入太空已有多久了？

3 地球是太空的一部分嗎？

請翻到第138頁查看答案。

請翻到第138頁查看答案。

考考你

1 太空從哪個高度開始？
a 100公里
b 500公里
c 600公里

2 地球大氣層的最低層叫什麼？
a 對流層
b 熱成層
c 平流層

首位上太空的人
300公里

國際太空站
330至435公里

哈勃太空望遠鏡
530至580公里

散逸層

散逸層是地球大氣層的最頂層。隨着你往上升，散逸層會逐漸變成太空中的無空氣環境。

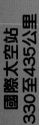

熱成層

這層大氣層的溫度非常高。但是，假如你到這裏旅行，你並不會覺得熱，因為這裏的空氣很薄，所以熱力無法傳遞到你的身體……

流星雨
80至120公里

北極光
90至150公里

中間層

中間層位於大氣層的中間部分，亦是氧氣、氮氣等氣體仍然混合在一起的最高一層。

對流層

這是地球大氣層的最低層。它從我們居住的地方——地球表面開始算起，是所有天氣現象發生的地方。

平流層

這是大氣層的第二層，也是臭氧層的所在位置。臭氧層可以保護我們避免受帶有危險性的太陽光直接照射。

卡門線100公里

越飛越高的火箭

飛機的高度11公里

地球

太空人在太空中的感覺是怎樣的？

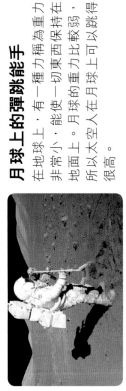

月球上的彈跳能手

在地球上，有一種力稱為重力。非常小，能使一切東西保持在地面上。月球的重力比較弱，所以太空人在月球上可以跳得很高。

漂浮的感覺

由於在國際太空站裏的重力非常小，因此太空人在這裏是漂浮着的，甚至可以翻筋斗，這種情況稱為微重力。

太空從哪裏開始？

卡門線是地球大氣層與太空的分界線。卡門線位於地球表面以上100公里的地方，這是一位

太空人所需要到達的高度。人類無法在太空中生存，我們受到包圍着地球的氣體層保護，這個氣體層稱為大氣層。

宇宙從哪裏來？

在大約138億年前，宇宙發生了大爆炸，一切存在的東西都是在這次大爆炸中開始形成的。宇宙大爆炸為創造宇宙及包括我們的一切揭開了序幕！

粒子形成

在宇宙創造的下一個階段，被稱為質子和中子的微小粒子開始形成。它們構成了原子的中心，而原子就是組成一切東西的基本單位。

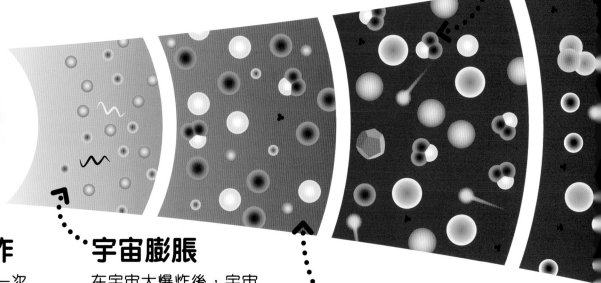

宇宙大爆炸

宇宙的開始源於一次大爆炸，稱為宇宙大爆炸，在那之前沒有任何東西存在。

宇宙膨脹

在宇宙大爆炸後，宇宙膨脹得非常快，而且十分熱！

物質形成

在宇宙大爆炸後的第一秒內，宇宙便開始冷卻下來，接着物質開始形成。物質就是組成一切東西的原料。

我們怎樣知道宇宙的年齡？

宇宙的數據

科學家透過研究宇宙今天的膨脹速度，來估算宇宙的年齡。他們還可以觀測太空中的古老天體，幫助他們了解天體是如何形成的，以及是什麼時候形成的。

原子形成

在宇宙大爆炸的幾十萬年後，宇宙已經慢慢冷卻下來，原子在這時候開始形成。

現在

即使到了現在，宇宙仍然持續膨脹，並包含了很多星系、恆星和行星。

恆星出現

宇宙大爆炸後的大約3億年，由氣體雲和塵埃團形成的第一批恆星出現。

星系形成

宇宙持續膨脹，在大爆炸後的大約5億年，形成了第一批星系。

? 對或錯?

1 宇宙的年齡為50億年。

2 地球和太空中的一切東西都是由原子組成的。

3 宇宙已經停止膨脹了。

請翻到第138頁查看答案。

宇宙有多大？

宇宙真的非常非常大！以致你難以想像它到底有多大。太陽是太陽系中最大的天體，但與浩瀚的宇宙相比，它就像一粒塵埃。

據我們所知，宇宙是沒有邊際的。

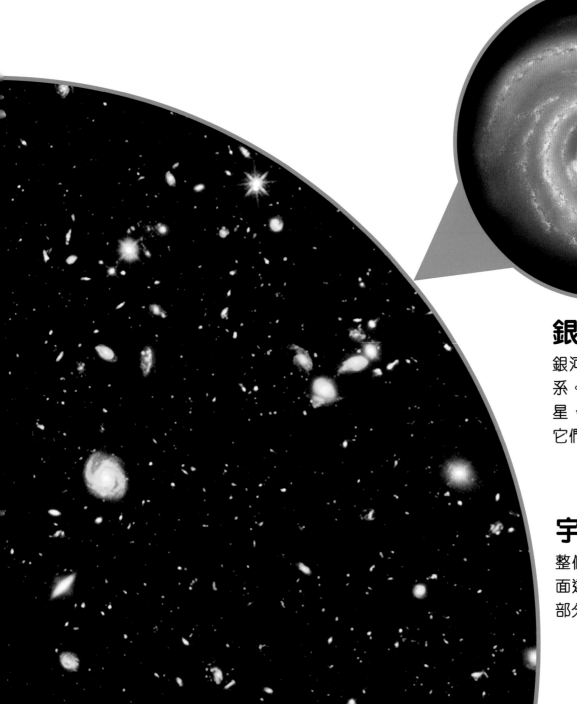

銀河系

銀河系是宇宙的其中一個星系。銀河系中有數千億顆恆星，大部分恆星都有圍繞着它們運行的行星。

宇宙

整個宇宙充滿了星系，而左面這張圖片只是其中的一小部分。

下面的天體有多大？

月球
月球是我們最近的鄰居。它在天空中可能看起來很大，但它其實比地球小很多，大約只有地球的四分之一那麼大。

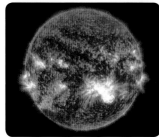

太陽
太陽是太陽系中最大的天體。太陽很大，可以容納超過100萬個地球。

地球
對我們來說，地球看起來很大，有超過70億人住在這裏！但是與太陽系中最大的行星——木星相比，地球其實非常小。

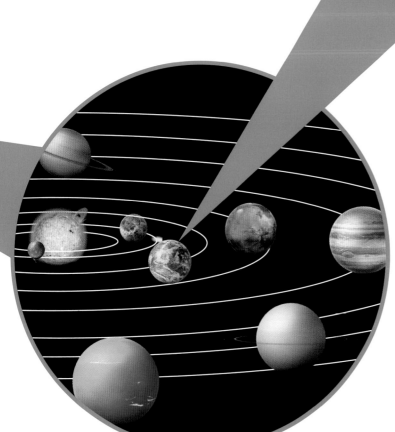

我們的太陽系
我們的太陽系位於銀河系內。太陽系對我們來說是非常巨大，假如你到火星去看太空，地球就會變成天空中的一顆小星星。

？ 考考你

1 地球所在的星系叫什麼？

2 太陽裏大約可以容納多少個地球？

3 地球在太空中最近的鄰居是什麼？

請翻到第138頁查看答案。

太空有多冷？

在恆星與星系之間的巨大區域裏，太空可以變得非常冷。在這些區域，溫度可以下降至攝氏零下270度。然而太空中的天體，例如恆星和行星，則有不同的溫度。

其他行星有夏天和冬天嗎？

天王星

天王星有4個季節，但每個季節長約21年。在夏季和冬季，天王星的兩極都會分別指向太陽，代表這個星球的冬天會處於黑暗中21年！

超新星

當一顆巨大的恆星發生爆炸時，它會變成一顆超新星，而它的溫度可以高達攝氏55,000,000度。

太陽

這是太陽系中最熱的天體。太陽表面的溫度約為攝氏6,000度。它其實在太熱了，所以從來沒有人去過那裏！

金星

金星是太陽系中最熱的行星，它有一層厚厚的大氣層，令它的表面達到攝氏470度的高溫。

地球

地球表面的平均溫度約為攝氏15度，但這會視乎地球上不同的位置和季節而改變。

迴力鏢星雲

距離地球數千光年的迴力鏢星雲是目前已知宇宙中的最寒冷的天體。在這團氣體雲裏，溫度可以低至攝氏零下272度。

月球

月球是一個擁有極端溫度的世界。在陽光的照射下，它可以達到攝氏123度的高溫，但它最冷的區域則可以低至攝氏零下233度。

海王星

海王星表面的溫度平均約為攝氏零下214度。它最大的衛星——海衛一（崔頓）比它還要冷，其溫度低至攝氏零下235度！

? 考考你

1 海王星或它的衛星——海衛一，哪個比較冷？

2 宇宙中已知最冷的天體是什麼？

請翻到第138頁查看答案。

什麼是軌道？

軌道是太空中的一個物體繞着另一個物體運行的路徑。在太陽系中，地球和其他行星都分別繞着太陽運行。而且除了地球之外，還有很多行星都有繞着它們運行的衛星。

月球

什麼力量令月球在軌道上運行？

月球可以保持在繞着地球運行的軌道上，是因為引力的作用。地球的引力把月球拉向地球，避免它逃到太空去。如果沒有引力，宇宙就不存在。因為它就是使岩石、塵埃和冰塊結合在一起，而形成恆星、行星和衛星的力量。引力也令所有行星都保持在繞着太陽運行的軌道上。

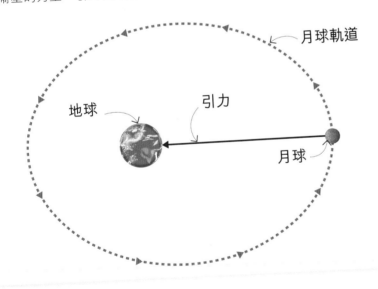

月球軌道

地球

引力

月球

還有什麼東西繞着地球運行？

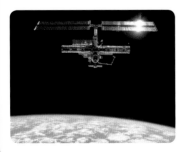

人造衛星

很多人造衛星繞着地球運行，包括國際太空站——太空人生活和工作的地方。

太空中的眼睛

此外，哈勃太空望遠鏡也繞着地球運行。它可以遠眺太空，並且給遠方的恆星和星系拍下令人驚歎的照片。

地球

月球的軌道

月球以逆時針方向繞着地球運行。月球繞着地球運行一圈需要27天7小時43分鐘。

? 對或錯?

1 月球繞着地球運行。

2 地球繞着太陽運行。

3 月球繞着地球運行一圈需要一個星期。

請翻到第138頁查看答案。

你可以在太空中大叫嗎？

你可以在太空中大叫，但沒有人能聽到你在大叫，因為太空是真空狀態的，也就是說，太空裏沒有空氣，而聲音無法在真空傳遞。太空人在太空船裏的時候，他們可以對話和聽到聲音，是因為太空船裏有空氣。

真空

真空是一個不存在任何物質的狀態，甚至連空氣也沒有！如果在發出聲音的物體與你的耳朵之間是真空狀態，你就不會聽到任何聲音。

聲音的傳遞方式

聲音是可以透過不同媒介傳遞的波動。波動令空氣或物質的周圍產生振動，繼而產生聲波，然後傳遞並進入你的耳中。

地球

地球上有空氣，所以聲音可以傳遞。

月球

月球上沒有空氣，所以聲音無法傳遞。

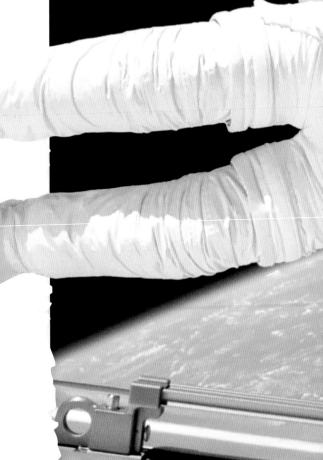

請想像一下，太空是什麼氣味的？

太空的氣味

在太空漫步後，從太空返回的太空人都難以描述他們太空衣上的氣味。有人說太空衣聞起來有點像燒焦和燒熱了的金屬氣味。

無線電通訊器

在太空漫步的太空人會配備通訊器，讓他們可以透過無線電波互相交談。他們的太空衣可以保護他們免受太空的真空狀態影響。

? 考考你

1 為什麼在太空漫步的太空人要配備通訊器？

2 什麼是真空？

3 太空中有空氣嗎？

請翻到第138頁查看答案。

太陽系

這是我們在宇宙中居住的地方。在太陽系中，有一羣行星圍繞着離我們最近的恆星——太陽運行。

什麼是太陽系？

太陽系是我們在宇宙中的家園。它是由位於中心的太陽，以及圍繞着它運行的行星、矮行星、小行星、彗星所組成的。我們的太陽系只是太空中很多類似系統的其中一個。

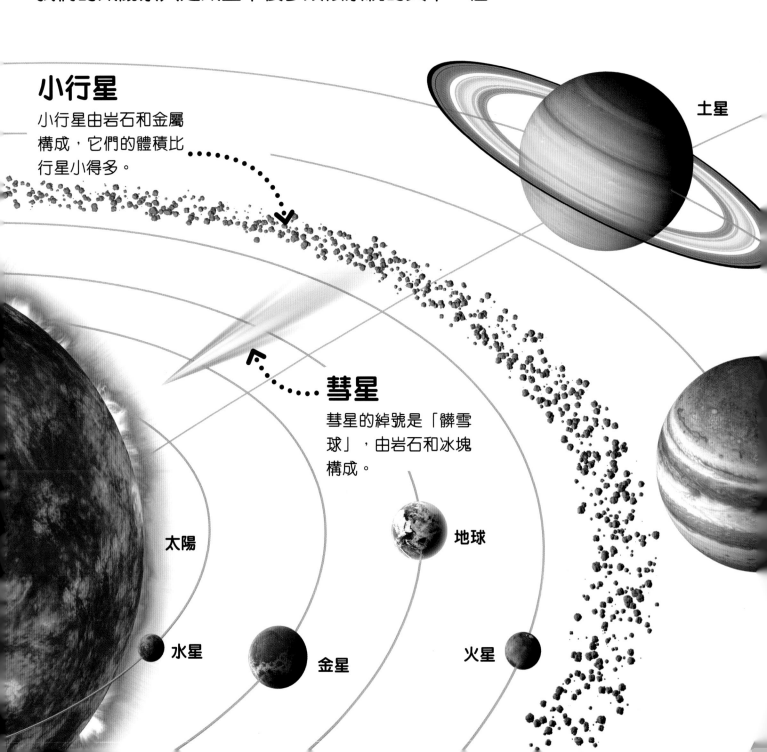

小行星
小行星由岩石和金屬構成，它們的體積比行星小得多。

土星

彗星
彗星的綽號是「髒雪球」，由岩石和冰塊構成。

太陽

水星

金星

地球

火星

太陽系是從哪裏來的？

太陽
太陽系是在46億年前開始形成的，一團氣體和微塵因引力而被擠壓在一起，引力最強的中心開始把更多的物質拉向自己，直到變成太陽。

其餘的一切
太陽形成後所剩下的物質顆粒聚集成越來越大的物體。這些物體通過碰撞逐漸增大變成了行星、矮行星、小行星、彗星和衛星。

凱伯帶
前往太陽系的邊緣就會到達凱伯帶。它是冰封天體的故鄉，例如彗星和矮行星。

冥王星

海王星

軌道
軌道是一個物體在太空中依循的弧形路徑，太陽系中的行星和其餘一切都沿着軌道圍繞太陽運行。

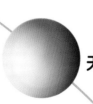

天王星

木星

行星
我們的太陽系有8顆行星。有些行星是由岩石構成的，例如地球和火星，有一些行星主要是由氣體構成，例如木星和土星。

? 考考你

1 太陽系中最大的行星是哪一顆？
a 木星
b 海王星
c 地球

2 哪一顆行星最接近太陽？
a 金星
b 水星
c 火星

請翻到第138頁查看答案。

行星由什麼構成？

在我們的太陽系中，有4顆岩石行星，分別為水星、金星、地球和火星，它們擁有固體的表面，你可以在上面行走；而另外2顆氣態巨行星——木星和土星，以及2顆冰巨行星——天王星和海王星都沒有固體的表面，所以你不能在它們上面行走。

? 對或錯？

1 太陽系中有8顆岩石行星。

2 氣態巨行星有一個小小的岩石核心。

3 地球的表面稱為地殼。

請翻到第138頁查看答案。

地殼

岩石行星擁有堅硬的表面，稱為地殼。地球大部分的地殼被海洋覆蓋着。

地核

所有岩石行星都有類似的結構，每顆行星都有一個金屬地核或中心，成分主要是鐵。

地幔

在行星的地殼和地核之間的部分稱為地幔，它是由很多岩石層組成的。

水星

系外行星由什麼物質構成？

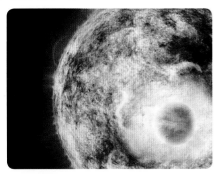

HD 189733b

圍繞其他恆星運行的行星，與太陽系的行星一樣，也是由岩石和氣體構成。HD 189733b就和木星一樣是一個氣態巨行星，它的表面是藍色的，而且會下液態玻璃雨！

開普勒 186f

開普勒186f是其中一顆發現很「像地球」的行星。它的大小與地球相若，科學家認為它可能像地球一樣是由岩石構成，而且表面可能有水的存在。

科學家不知道木星的岩石核心有多大，因為它被藏在厚厚的氣體和液體層之下。

結構

與岩石行星不同，冰巨行星和氣態巨行星都沒有堅硬的表面。它們主要由冰或氣體組成，並擁有一個小小的岩石核心。

大氣層

冰巨行星和氣態巨行星有濃厚的雲層，而在雲頂的下方，大氣的密度變得越來越高。

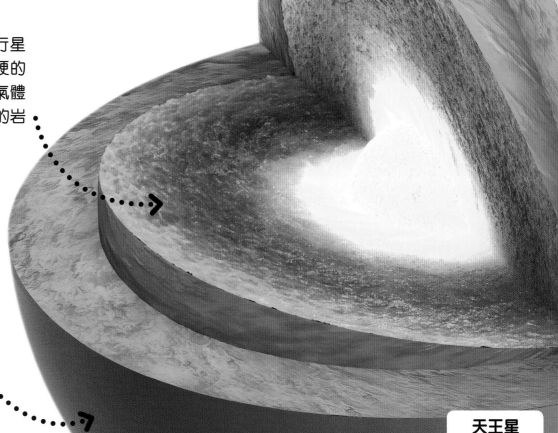

天王星

為什麼地球上會有生命？

地球與太陽之間的距離剛剛好，令地球不會太熱，也不會太冷，使生命可以存活，這個區域被稱為「適居帶」。地球還擁有孕育生命和生命存活需要的所有元素，包括水和來自太陽的能源，還有各種原料，例如土壤。

能源

為了使生命可以存活，就需要有恆常的能量來源。在地球上，這種能源來自太陽。

? 看圖小測驗

地球上最大的動物是什麼？

請翻到第138頁查看答案。

原料

在地球上任何地方幾乎都可以找到構成所有生物的原料，把水及能源跟這些原料結合，就可以孕育出新生命。這就是所有生活在地球上的植物、動物和一切生命的開始。

生命從哪裏來？

星塵

構成地球及地球上一切的原料都來自星塵——這是在恆星爆炸時所產生的。這代表我們都是由星塵造成的！這些塵埃後來製造了更多恆星和像地球一樣的行星。

在超過35億年前，地球上就開始有生命了！

水

與太陽系中的其他行星不同，地球有充足的水。水對生命非常重要，沒有水，生命就不存在。

為什麼木星的表面有條紋？

木星是太陽系中最大的行星。它的表面有很多不同顏色的條紋，這些條紋是由木星大氣層中不同的化學成分及以不同方向繞着木星快速流動的風形成。

高速自轉

木星是太陽系中自轉得最快的行星，它自轉一圈需時不到10小時。

強風

木星是一個非常多暴風雨的行星。它的風在行星內部的深處產生，風速可以高達每小時數百公里。

❓ 看圖小測驗

你知道這個巨大的風暴是在哪一顆行星上被發現的嗎？

請翻到第138頁查看答案。

大紅斑

木星表面的大紅斑是一場已經持續數百年的巨型風暴，是太陽系中最大的風暴。

冰冷的雲層

木星的北極被冰冷的風暴雲覆蓋着。它的極地還有大量的「燈光表演」，類似在地球上所看到的極光。

還有哪些行星也是常有暴風雨的？

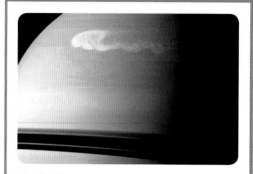

大白斑

大白斑是在土星上肆虐的巨大雷暴，它的出現具有周期性，通常可以擴展至環繞整個土星。

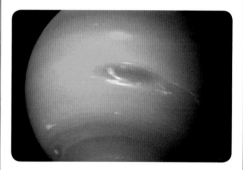

大黑斑

海王星是太陽系中風暴最劇烈的行星。它的表面有些巨大的黑斑，其實也是一些像熱帶氣旋的巨大風暴。這些斑點常常會突然出現，又會突然消失。

2010年，木星的一道大條紋曾經一度消失了，但幾個月後它又再次出現。

火星上有生命嗎？

很久以前，火星比現在溫暖些也潮濕些，而且被一層厚厚的大氣層包圍，代表那裏可能曾經有生命存在過，甚至今天也可能有微小的生命在形成。

火星上的天氣怎麼樣？

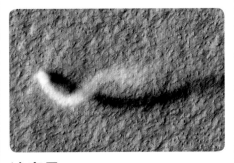

沙塵暴

火星上經常有巨大的沙塵暴，這些風暴有時強烈得你在地球上使用望遠鏡也能看到它們。

寒冷的天氣

火星是一個寒冷的世界，它的大氣層比地球的要薄得多，它的平均溫度大約是攝氏零下60度。

奧林柏斯山

太陽系中最大的火山位於火星上，命名為奧林柏斯山，高25公里，差不多是珠穆朗瑪峯高度的3倍。

冰封的極地

像地球一樣，火星的北極和南極都被冰冠所覆蓋。這些冰是由水和二氧化碳凍結而成的。

❓ 對或錯？

1 火星是一顆比地球小的行星。

2 火星沒有南極。

3 火星上可能曾經有生命存在過。

請翻到第138頁查看答案。

水的痕跡

科學家尋找宇宙其他地方有沒有生命的規則就是跟着水的蹤跡走！火星表面上的條紋被認為是由水的流動所造成。

眾多的行星環

土星有很多不同大小的環圍繞着它。其中一些比較大的環全都是根據它們被發現的先後次序,以英文字母的順序來命名。

土星的環由什麼組成？

當你透過望遠鏡觀察土星時，你可以看到有美麗的環圍繞它。它們主要是由冰塊，還有一些岩石和塵埃組成。沒有人確實知道土星為什麼會有環，它們可能是被土星重力撕碎了的衛星遺骸，或是土星形成時所遺留下來的物質。

環間縫隙

這個黑暗部分是土星環與環之間的空隙，而最大的環縫命名為卡西尼縫，它被認為是由土星其中一顆衛星——土衞一（彌瑪斯）做成的，當土衞一繞着土星公轉時，它的引力會把岩石從縫中拉出去。

大特寫

土星環中包含了數十億顆冰塊、岩石和塵埃，土星環的闊度與地球和月球之間的距離差不多闊。

其他行星有行星環圍繞着它們嗎？

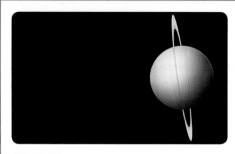

天王星

冰巨行星天王星也有行星環圍繞它，只是這些環比繞着土星的環細小很多，天王星的鄰居海王星也有類似的行星環。

木星

圍繞木星的行星環主要是由塵埃構成的，當太空岩石或流星體撞上木星的衞星時，就形成了塵埃。

? 對或錯？

1 土星是太陽系中唯一有環的行星。

2 土星有多於一個環。

3 木星有由塵埃構成的環。

請翻到第138頁查看答案。

冥王星是行星嗎？

多年以來，冥王星一直被視為行星，但如今不再是這樣了，它現在被歸類為矮行星。冥王星雖然比其他行星小很多，但它仍然與行星有很多共同之處——它是圓形的、有衞星，並且繞着太陽公轉。

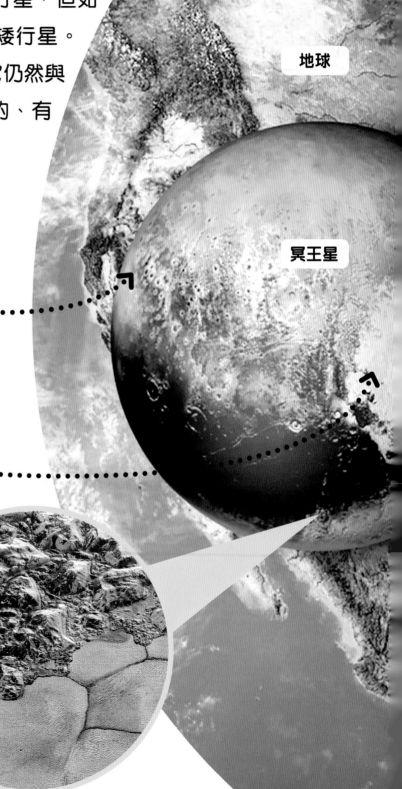

地球

冥王星

小小的冥王星

冥王星比地球的衞星還要小，它位於太陽系中一個離太陽很遠的地區，這地區比海王星還要遠，稱為凱伯帶。

冥王星之心

冥王星這個區域的形狀好像一個心形，它的表面平滑，而且沒有隕石坑，被命名為湯博區，以紀念美國天文學家克萊德·湯博於1930年發現冥王星。

冥王星的表面

冥王星的表面有隕石坑、巨大的冰川和山脈，科學家認為那裏可能還有會噴冰而不是熔岩的冰火山。

? 考考你

1 冥王星是一顆什麼天體？

2 到目前為止已發現了多少顆矮行星？

3 冥王星有衛星嗎？

請翻到第138頁查看答案。

還有其他矮行星嗎？

鳥神星

鳥神星是一顆寒冷的矮行星，它最少有一顆衛星。到目前為止，被承認的矮行星有5顆，其中4顆位於凱伯帶，這裏可能還有更多的矮行星正等待被發現。

妊神星

這顆矮行星圍繞太陽公轉一圈需時283個地球年。妊神星的形狀好像一個橄欖球，它有2顆衛星，不過目前還沒有太空探測器去過妊神星。

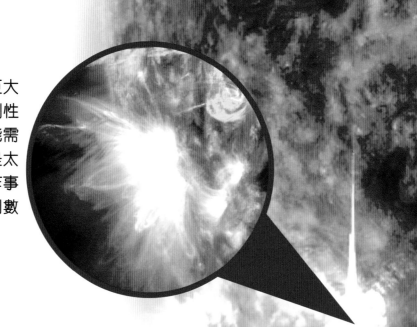

日冕

日冕是太陽大氣層的外層，它的溫度僅次於太陽的核心。科學家仍在找出它比太陽的表面還要熱的原因。

太陽閃焰

太陽閃焰是太陽表面巨大的能量爆發。在以戲劇性的方式爆炸前，它可能需要蘊釀數天時間。它是太陽系中規模最大的爆炸事件，可以持續數分鐘到數小時。

太陽有多熱？

太陽是一個十分熾熱的氣體火球。它是距離我們最近的恆星，也是太陽系中最熱的天體，如果你能夠在它的表面放置一個溫度計，它將會顯示一個令人頭暈目眩的高溫——攝氏6,000度。然而，太陽的核心才是最熱的部分。

哪些行星最熱？

水星

水星是距離太陽最近的行星，它的溫度可以高達灼熱的攝氏420度。

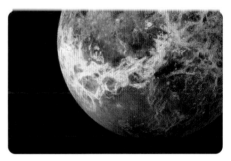

金星

雖然金星比水星距離太陽遠一些，但它實際上比水星更熱。金星被一層厚厚的大氣層覆蓋着，會把太陽的熱能困在裏面。

太陽黑子

太陽黑子是在太陽表面移動的暗斑，它們是太陽表面溫度相對較低的部分，而且經常成羣出現。

? 考考你

1 太陽最熱的部分是什麼？

2 什麼是太陽耀斑？

3 你能猜出地球距離太陽有多遠嗎？

請翻到第138頁查看答案。

為什麼月球的形狀會改變？

我們幾乎可以在地球任何地方看到月球掛在夜空中，有時候它是一個明亮的圓形，有時候它是一個月牙形。月球形狀本身並沒有真的改變，只是我們在地球上看到它有不同的形狀。這是因為當月球環繞地球公轉時，我們看到月球受到陽光照射的部分不同所致。

月相

月球環繞地球公轉一圈所需的時間不到28天，月球出現的圓缺變化稱為月相。下圖顯示了從太空觀看月球公轉的軌道。

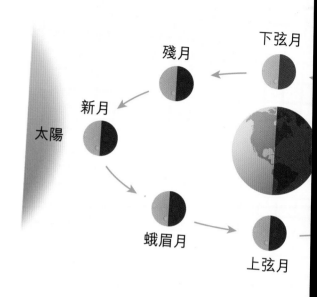

下弦月
殘月
新月
太陽
蛾眉月
上弦月

1. 新月
在這個階段，我們在地球上無法看到月球，因為它受光的部分直接面向太陽。

2. 蛾眉月
當月球逐漸轉離太陽與地球之間時，它的一小部分開始反射太陽光，我們就看到一個月牙形的月相。

3. 上弦月
月球現在已經繞着地球運行了四分之一圈。我們可以看到月球呈半圓形。

4. 盈凸月
月球被太陽光照亮的部分每天晚上都在變大，稱為「凸月」，這表示它的一邊看起來是隆起的。

1

2

3

4

虧凸月

滿月

盈凸月

月球的兩面是怎樣的？

月球正面
月球的正面一直面向地球，地球減少了月球正面受太空岩石撞擊，但有些太空岩石仍然會擊中它，造成隕石坑。

月球背面
月球的背面從來不面向地球。唯一親眼看過月球背面的是飛到月球上空觀看它的太空人。月球背面有很多大大小小的隕石坑。

月球是你在夜空中可以看到最明亮的天體！

? 對或錯？

1 地球繞着月球運行。

2 月球的背面有很多隕石坑。

3 月球有8個月相。

請翻到第138頁查看答案。

5. 滿月
月球被太陽光直射的部分面向地球，所以我們可以看到滿月。

6. 虧凸月
月球的受光面逐漸縮小，我們看到的部分會續漸變細，直到下一個新月出現。

7. 下弦月
月球現在已經繞着地球運行了四分之三圈。

8. 殘月
月球差不多圍繞地球運行了一圈，我們現在只能看到它剩下的一小部分。

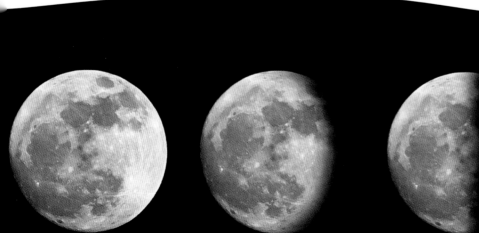

5

6

7

8

白天會變黑暗嗎?

日食能導致地球在白天裏變成黑暗。當月球運行至地球和太陽之間連成一線時,就會發生日食。月球擋住了陽光,使地球上的一些地方變得黑暗。

日食的成因

當月球運行至軌道的某點時,它有時會在地球和太陽之間經過,雖然月球比太陽小,但是因為它離地球比較近,所以它可以把太陽的光線完全擋住;某些時候月球只能遮蔽部分的太陽,就會形成日偏食。

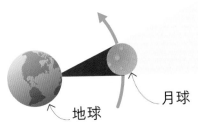

地球

月球

太陽

還有其他類似日食的天文現象嗎?

月食

當地球運行至月球和太陽之間,就會發生月食。地球的影子令月球變暗,但仍有部分陽光會通過折射照到月球表面,使月球呈現出紅色。

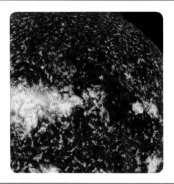

金星凌日

金星和水星也會運行至地球和太陽之間,這現象稱為凌日。左圖中的黑點就是正掠過太陽的金星。

在日食期間，小鳥們通常會停止唱歌，因為牠們以為到晚上了。

太陽的日冕

當月球完全遮蓋太陽時，我們可以看到被稱為「日冕」的太陽大氣層。

鑽石環

就在當太陽被月球完全遮蔽前一刻，我們可以看到一小角美麗的光芒，這現象被稱為「鑽石環」。

? 考考你

1 你能猜出日全食的時間可持續多久嗎？

2 人們觀看日食時為什麼要佩戴專用眼鏡？

3 當月球只遮蓋太陽的一部分時，這種現象叫什麼？

請翻到第138頁查看答案。

其他行星有衛星嗎？

我們的月球並不是太陽系中唯一的衛星，除了水星和金星之外，其他行星都有自己的衛星。連一些小行星也有衛星，矮行星冥王星也有 5 顆衛星。

天衛五（米蘭達）

細小的天衛五圍繞着天王星公轉，這顆衛星就好像是由很多不同的碎片拼湊在一起組成的；它擁有太陽系中最高的懸崖。

木衛三（蓋尼米德）

木衛三是圍繞木星公轉的九十多顆衛星之一，它更是太陽系中最大的衛星，甚至比水星還要大！

在衛星上會有生命嗎？

木衛二（歐羅巴）

這顆衛星繞着木星運行，科學家認為在它凍結的表面下隱藏着一片液態海洋，而海洋中可能有生命存在。

土衛六（泰坦）

土衛六是太陽系中唯一有濃厚大氣層的衛星，科學家認為它可能就像一個年輕的地球，那裏可能有以某種形式存在着的生命。

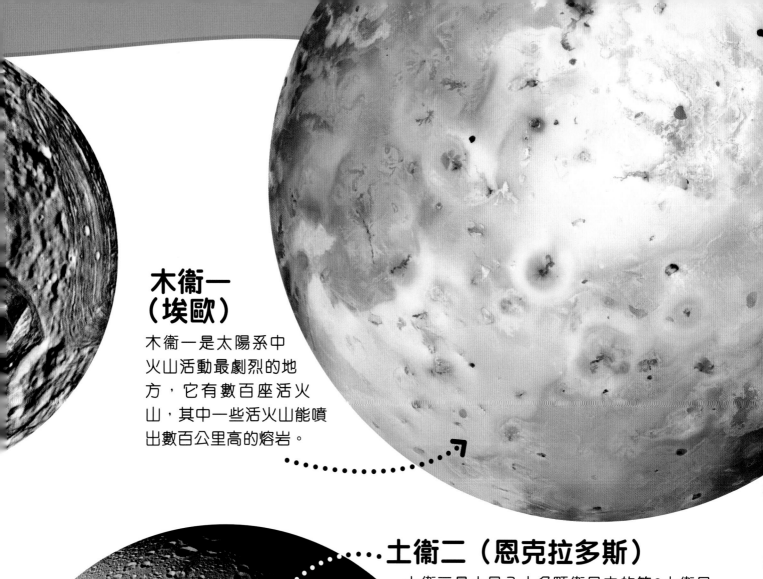

木衞一（埃歐）

木衞一是太陽系中火山活動最劇烈的地方，它有數百座活火山，其中一些活火山能噴出數百公里高的熔岩。

土衞二（恩克拉多斯）

土衞二是土星八十多顆衞星中的第6大衞星，它被冰凍的地殼覆蓋着，而地殼下面則被認為是一片海洋。從土衞二噴發出的冰晶和塵埃形成了土星的其中一個外環。

? 看圖小測驗

這兩個形狀奇特的衞星是屬於哪一顆紅色的岩石行星？

請翻到第138頁查看答案。

如果流星撞擊地球會怎樣？

流星體

流星

隕石

　　每天都有很多太空岩石和塵埃進入地球的大氣層，但大多數岩石和塵埃在到達地面之前就已經燒成灰燼。有時候小塊的碎片會留存下來，並撞擊地面。大岩石撞擊地球是非常罕見的，它們可以造成大隕石坑，例如在美國亞利桑那州的巴林傑隕石坑。

觀景台

這個專門建造的觀景台，可以讓遊客仔細地觀看巨大的隕石坑。

流星體、流星和隕石

流星體、流星和隕石事實上是同一樣的東西，唯一的分別是它們所在的位置。流星體是一塊穿越太空的岩石或金屬；如果它進入了地球的大氣層，就會變成一顆流星，如果它沒有在大氣層被燒成灰燼，並落在地球，那麼它就是一顆隕石。

大氣層

地球

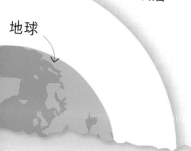

你可以如何找到隕石？

選擇你的位置

隕石較容易在只有少量地球岩石的地方被發現，這些地方可以是沙漠、乾燥的湖牀，或者在南極洲結冰的陸地上。

使用金屬探測器

部分隕石是含有大量金屬的岩石，代表你可以使用金屬探測器來幫助你找到可能埋在地下的隕石。

巴林傑隕石坑

巴林傑隕石坑是以丹尼爾·巴林傑的名字命名，他是第一個提出隕石坑是由撞擊地球的隕石所造成的人。

隕石坑

這個隕石坑是由一顆在大約5萬年前撞向地球的隕石所造成。它深170米，闊1,200米。

❓ 考考你

1 你可以在哪裏找到流星體？

2 巴林傑隕石坑在哪裏？

3 什麼是隕石？

請翻到第138頁查看答案。

什麼是流星？

流星並不是真正的星星，它是一塊從太空進入地球大氣層的岩石或塵埃。當它穿過我們的大氣層時，它會在大氣層中燃燒並在天空中留下熾熱的氣體。當有許多流星一起出現時，會被稱為流星雨。

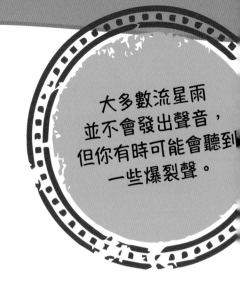

大多數流星雨並不會發出聲音，但你有時可能會聽到一些爆裂聲。

燃燒起來

岩石和塵埃的碎片一般來說是極細小的，它們通常會在到達地球表面前燃燒殆盡。

明亮的光跡

隨着流星體高速地進入大氣層，摩擦會令它變得非常熱，熱力會令流星體和周圍的空氣發出光芒。

什麼是流星雨？

彗星在穿越太空時，會在其軌道上釋放大量的岩石和塵埃，當地球的軌道穿越彗星的軌道時，顆粒便會進入地球的大氣層產生流星雨。

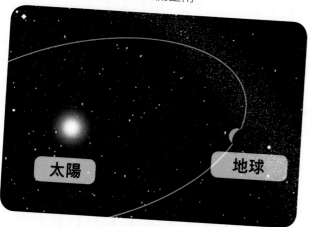

地球正穿越彗星留下的塵埃

哪些流星雨最值得關注？

獅子座流星雨

獅子座流星雨是由坦普爾・塔特爾彗星造成的，你可以大約在每年的11月中看到它們。

英仙座流星雨

英仙座流星雨是每年其中一場主要的流星雨，它的流星以速度快、亮度高而聞名，這場流星雨的高峯期在每年的8月中旬左右。

? 對或錯？

1 你可以在8月看到英仙座流星雨。

2 哈雷彗星造成了獅子座流星雨。

3 流星是落在地球上的一顆星星。

請翻到第138頁查看答案。

為什麼彗星有尾巴？

　　彗星是由太陽系形成時遺留下的氣體、塵埃和冰所構成。彗星本來是沒有尾巴的，但當彗星接近太陽時，太陽會令它變熱，使它釋出物質而產生尾巴。

彗尾是如何形成的

彗星以橢圓形的軌道繞着太陽運行。當彗星靠近太陽時，由於它的核心被太陽加熱，所以開始釋出塵埃和氣體，使它形成了一條背向太陽的彗尾。

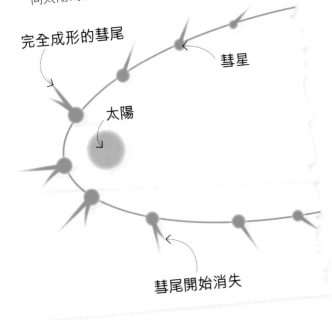

完全成形的彗尾

彗星

太陽

彗尾開始消失

彗核

彗星的中心叫做彗核，經常會被稱為「髒雪球」。

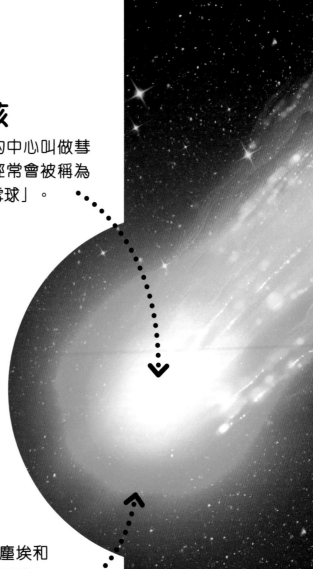

彗髮

彗髮是環繞彗核的一團由塵埃和冰構成的雲狀物，隨着「雪球」融化，彗尾就會開始形成。

彗尾

超過數百萬公里的彗星塵埃尾巴在夜空中劃過，彗尾總是出現在背向太陽的方向。

有可能降落在彗星上嗎？

菲萊登陸器

太空探測器羅塞塔號在太陽系經過10年的旅程後，於2014年成功把名為菲萊的登陸器發射到彗星表面。

❓ 對或錯？

1 彗星總是帶着尾巴的。

2 彗核會被稱為「髒雪球」。

3 一個名為羅塞塔號的登陸器曾到訪過彗星的表面。

請翻到第138頁查看答案。

什麼是小行星帶？

小行星帶是一圈繞着太陽運行的密集小型岩石物體，它位於火星和木星的軌道之間，在小行星帶上有成千上萬顆小行星，各有不同的形狀和大小。

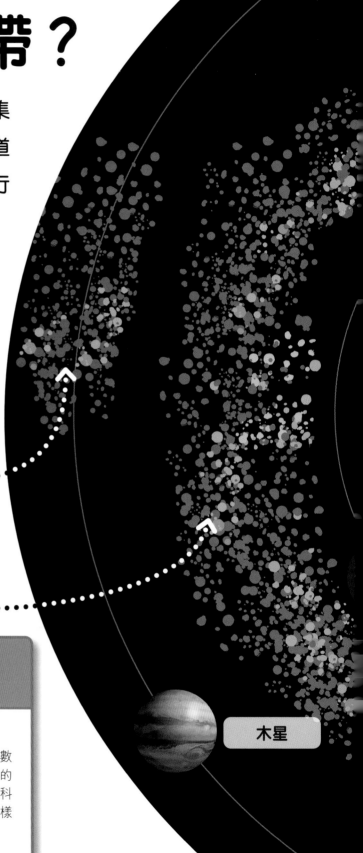

木星

特洛伊小行星

特洛伊小行星與木星在相同的軌道上圍繞太陽公轉。它們分成兩組運行，一組在木星前方，另一組在木星後方。

分隔帶

小行星帶把 4 顆岩質內行星與木星和其他外行星分隔開。

我們可以從小行星中學到什麼？

灶神星

小行星如灶神星是太陽系在數十億年前形成時所遺留下來的碎屑，研究小行星可以幫助科學家了解如地球的行星是怎樣形成的。

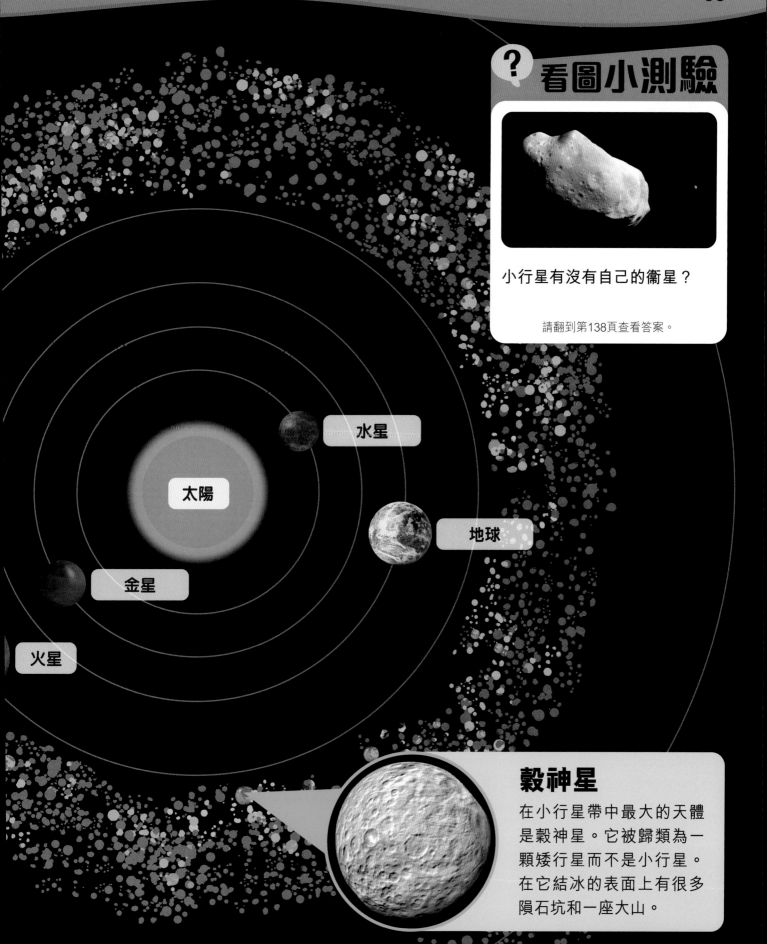

? 看圖小測驗

小行星有沒有自己的衛星？

請翻到第138頁查看答案。

水星

太陽

地球

金星

火星

穀神星

在小行星帶中最大的天體是穀神星。它被歸類為一顆矮行星而不是小行星。在它結冰的表面上有很多隕石坑和一座大山。

你能在其他行星上看到地球嗎？

當你抬頭觀看夜空時，有時你會看到一些太陽系的其他行星。如果你可以到這些行星去，你也能夠以類似的方式看到地球。

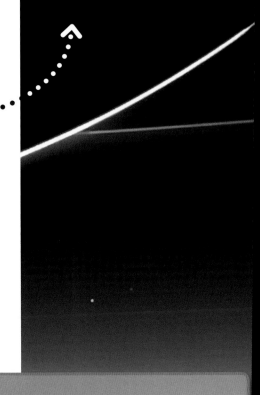

土星

在這張照片左上角的是土星，它看起來很暗是因為太陽在它的背面。

卡西尼—惠更斯號

這張照片是卡西尼號探測器拍攝的，卡西尼號和它的同伴惠更斯號登陸探測器去到土星系統，幫助我們更了解這顆行星，以及它最大的衛星——土衞六。

從太空看到的地球像什麼？

巴黎的夜景

在太空生活並繞着地球運行的太空人，可以從太空看到不同城市。在左面這張從國際太空站拍攝的照片中，巴黎明亮的燈光看起來就像一幅美麗的圖畫。

火山爆發

從太空中可以看到火山爆發時所噴出來的煙霧和火山灰，國際太空站裏的太空人首先看到了位於美國阿拉斯加的克利夫蘭火山爆發的情形。

藍色小點

這個淡藍色的小圓點是地球，它距離土星超過10億公里。在未來，人類可能會到達如此遙遠的太空而看到這樣的地球。

？ 對或錯？

1 你可以從其他行星上看到地球。

2 你在太空中無法看到火山。

3 從遠處看地球，它就像一個淡藍色的小圓點。

請翻到第138頁查看答案。

什麼是極光？

　　極光是一場自然發生的燈光表演，你可以在北極和南極附近看到極光。當來自太陽的粒子高速地進入地球南北兩極的大氣層，粒子會與空氣碰撞，就會產生飄在天空中的美麗極光。

其他行星也有極光嗎？

土星

極光有時會出現在土星的北極和南極。上面這張假色圖像就顯示了在這個氣態巨行星的南極周圍，出現了令人眼花繚亂的綠色極光表演。

木星

木星上的極光是整個太陽系中最壯觀的，這幕在木星北極上方出現的極光覆蓋區域比地球還要大呢！

不同的圖案

極光會在天空中繪製出美麗的圖案。那圖案有時是旋渦狀的，有時是像螺旋狀的。

不同的顏色

在極光表演期間，你可以看見很多不同的顏色，最常見的是綠色，但你也可能會看到紫色、粉紅色、紅色和黃色。

身處太空的太空人繞着地球運行時，有時也會看到極光。

？ 對或錯？

1 在地球上看極光的最佳地點是在北極和南極附近。

2 極光可以包含很多不同的顏色。

3 木星擁有太陽系中最大的極光。

請翻到第138頁查看答案。

你能住在金星嗎？

金星與地球的大小和形狀大致相同，但你不會想住在那裏，因為金星有一層濃厚而且有毒的大氣層，令它的溫度可以高達攝氏471度。如果一個沒有保護的太空船降落在金星表面，在幾分鐘內它就會開始熔化！

又熱又乾的地表

金星的表面看上去是橙色的，因為它厚厚的大氣層把陽光都反射成橙色。然而，在它的地表上其實是灰色的岩石，就像地球上的一樣。

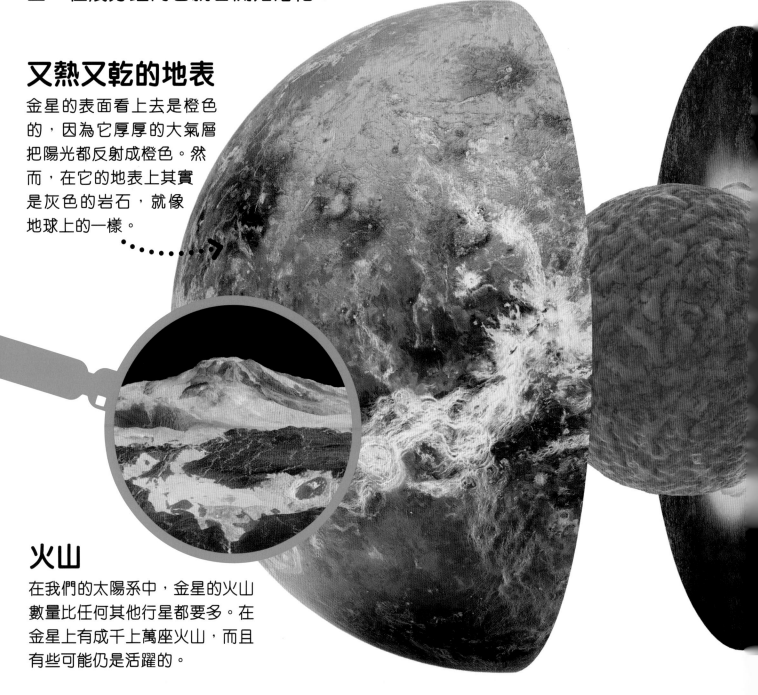

火山

在我們的太陽系中，金星的火山數量比任何其他行星都要多。在金星上有成千上萬座火山，而且有些可能仍是活躍的。

厚厚的雲層

金星有一層由硫酸水滴組成的濃厚雲層，在風暴下，這些危險的雲層繞着金星快速地移動。

有毒的空氣

金星的大氣層沒有可供給人類呼吸的氧氣，它主要由有毒的二氧化碳組成，二氧化碳吸收了熱能，使金星變得非常熱。

我們如何知道金星是長什麼樣？

水手2號

第一艘飛越金星的探測器是在1962年由美國太空總署發射的水手2號。從那以後，很多探測器都曾探測過金星。

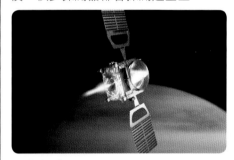

金星特快車

在2005年發射升空的金星特快車，是一艘被派去了解金星大氣層的探測器。

? 對或錯？

1 金星是最接近太陽的行星。

2 金星上有很多火山。

3 金星被很多橙色的岩石覆蓋着。

4 水手2號是第一艘飛越金星的探測器。

請翻到第138頁查看答案。

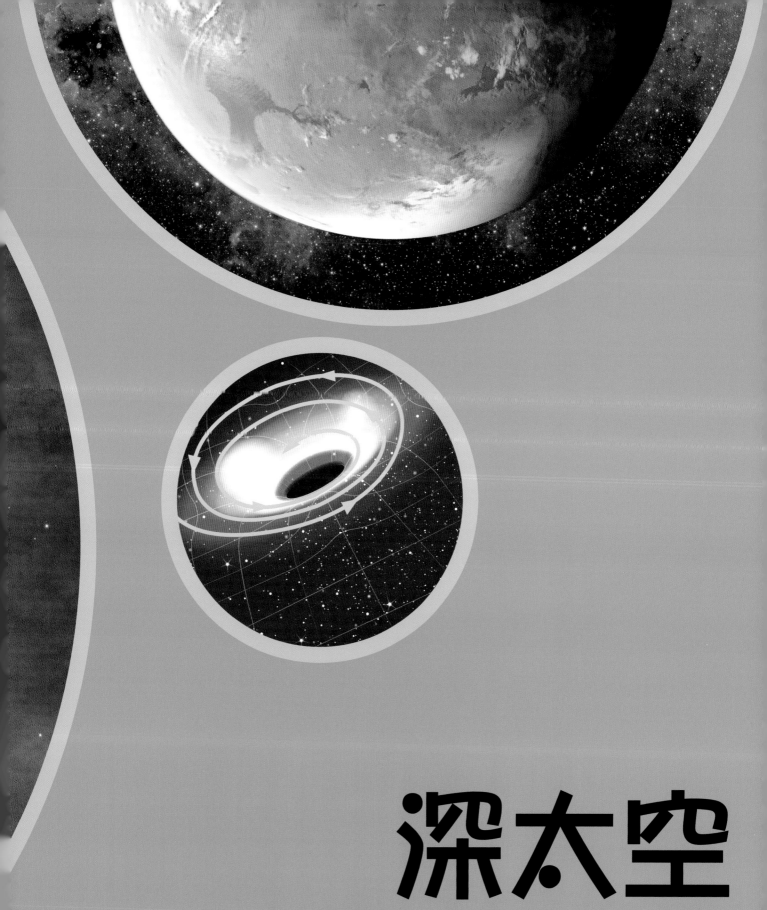

深太空

深太空是地球之外的宇宙，很多令人驚歎的星系、恆星和行星都在這裏誕生和被發現。

宇宙中有多少顆星星？

從地球上我們可以看到夜空中有數千顆星星，然而，在太空中的星星更加多。事實上，宇宙中的星星比地球上所有海灘和沙漠上的沙粒還要多。

哪顆恆星離太陽最近？

比鄰星

離太陽最近的恆星叫做比鄰星。它離太陽和地球都很遠，從比鄰星發出的光需要4年多的時間才到達地球。

科學家認為
宇宙中大約有
10^{24}顆恆星！
10^{24}即是10後面
還有23個0啊！

恆星的數量

科學家把他們認為一個星系中含有的恆星數量，乘以他們認為宇宙中存在的星系數量，以估算出宇宙中恆星的總數。

? 看圖小測驗

大多數的恆星都聚集在星系中，你能猜出上圖中的是什麼類型的星系嗎？

請翻到第138頁查看答案。

年輕的恆星

這張照片是由哈勃太空望遠鏡拍攝的，我們可以從照片看到太空中形成恆星的地方。

恆星從哪裏來？

恆星是能發出熱和光的球狀氣體。它們的生命始於巨大而冰冷、由氣體和塵埃雲形成的星雲，許多星系中都散布着很多不同的星雲。

恆星的誕生

每天都有新的恆星誕生，它們全部都經歷着同樣的形成過程，太陽就是在大約46億年前以下面這種方式創造出來的。

形成氣體團
星雲內的氣體團開始在分子雲中聚集。

氣體和塵埃團收縮
氣體和塵埃團會開始壓縮變小，這個新形成的氣體和塵埃團的引力會從周圍吸引更多塵埃。

旋轉的盤狀物
氣體和塵埃團收縮成熱而密集的核心，四周的物質會圍繞核心轉動形成盤狀物，氣體噴流會從核心的頂部和底部射出。

恆星亮起來
當核心的溫度升至一定的高溫時，就會釋放出能量，一顆恆星就誕生了，而剩餘的盤狀物質會圍繞着這顆年輕的恆星運行。

盤狀物繼續變化
剩餘的盤狀物質可以生成行星、衛星、小行星或彗星，或者只是留下塵埃。

鷹星雲

鷹星雲是太空中形成恆星的氣體和塵埃區，它已經存在超過550萬年了！

有沒有發現其他星雲？

馬頭星雲

馬頭星雲於1888年被天文學家發現，它令太空中出現了一幅美麗的圖畫。

船底座星雲

船底座星雲距離地球約有7,500光年，它被認為是孕育超過14,000顆恆星的地方！

創生之柱

左圖中的這些氣體和塵埃柱子被稱為創生之柱，恆星就在裏面誕生。它們的高度約為92萬億公里，大約等於從太陽到最近恆星之間距離的兩倍。

？ 對或錯？

1 恆星是在氣體和塵埃雲中形成的。

2 太陽已經有60億年的歷史。

請翻到第138頁查看答案。

所有恆星都一樣嗎？

恆星有很多不同的大小和顏色，有些恆星非常巨大，比太陽要大很多倍；有些恆星很小，而且不是很光亮。這裏是到目前為止在宇宙中發現的部分恆星類型。

在沒有望遠鏡的情況下，你在夜空中看到的星星大多數比太陽大。

紅超巨星

這些恆星非常巨大！假如你把太陽放在紅超巨星旁邊，你幾乎不會看到太陽，這些巨大的恆星曾經較為細小，現在正處於生命周期的終點。

藍超巨星

在太空中，藍超巨星的溫度最高，它們非常熱和明亮，但體積比紅超巨星小。

有沒有比太陽小的恆星？

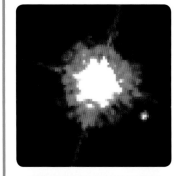

紅矮星

細小的恆星被稱為矮星，紅矮星是一種比太陽小和冷很多的恆星。

白矮星

白矮星是像太陽的恆星在它生命即將結束時所遺留下來的物質，它的質量非常重，但體積十分小，與地球的大小差不多。

藍巨星

藍巨星體積大而結實，它們迅速地燃燒燃料，代表它們可以達到非常高的溫度，並且非常明亮。

太陽

太陽是一顆普通的恆星，被稱為主序星，在宇宙中有很多類似太陽這樣的恆星。

橙次巨星

橙次巨星介乎於紅巨星與像太陽的主序星之間，在太陽變成紅巨星前，它會先演變成橙次巨星，然後走向生命的盡頭。

紅巨星

紅巨星是生命即將結束的恆星，它們比太陽大很多，但溫度較太陽冷。

? 對或錯？

1 有些恆星是巨星。

2 有些恆星是矮星。

3 我們的太陽是一顆巨星。

請翻到第138頁查看答案。

什麼是光年？

　　光年是指光在真空中一年內所傳播的距離。在太空中，物體之間相距很遠，因此天文學家用光年來量度物體之間的距離。光一年可以傳播近10萬億公里。

最近的鄰居

仙女座星系是最接近銀河系的星系，距離我們大約250萬光年。

光的速度

光在 1 秒鐘內可以劃過300,000公里，這代表太陽發出的光需要 8 分多鐘才到達地球。

仙女座星系的直徑橫跨260,000光年。
銀河系較小，直徑大約140,000光年。

我們可以在太空行走多快？

高速運行
國際太空站以大約每小時28,000公里的速度繞着地球運行，它以這個速度每90分鐘就可以繞着地球運行一圈。

高速的探測器
美國太空總署發射的太空探測器「朱諾號」以高達約每小時265,000公里的速度在2016年飛抵木星。

仙女座星系
仙女座星系擁有數萬億顆恆星，比銀河系還要多。仙女座星系的恆星發出的光需要250萬年才能到達地球。

在地球上或太空中，沒有任何物體的速度能比光的速度快。

? 考考你

1 光速是多少？

2 來自太陽的光需要多長時間才到達地球？

3 國際太空站繞着地球運行一圈需要多長時間？

請翻到第138頁查看答案。

什麼是黑洞？

黑洞是宇宙中最神秘和最不可思議的天體之一。它們並不是真正的洞，而是物質會被擠壓到一個細小空間的區域。人們認為黑洞具有奇怪的力量……

保持距離！

不要太靠近黑洞，否則你會被它吞噬！黑洞的引力強大得沒有東西可以逃離它。

隱形

人類眼睛是看不見黑洞的，因為沒有光可以從它那裏逃脫，科學家需要使用有特殊裝置的望遠鏡來尋找它。

黑洞還能做什麼？

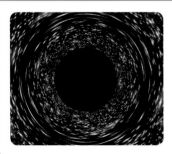

使空間和光線扭曲

黑洞的引力非常強大，它能使周圍的空間發生扭曲，光在黑洞附近通過時會沿着彎曲的路徑通過，最終被黑洞吞噬。

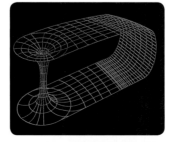

使時間變慢

黑洞能使時間變慢！當你越接近黑洞時，時間的流逝就會越慢。一些科學家甚至認為黑洞能使宇宙的形狀發生扭曲，並在不同時空之間形成蟲洞。

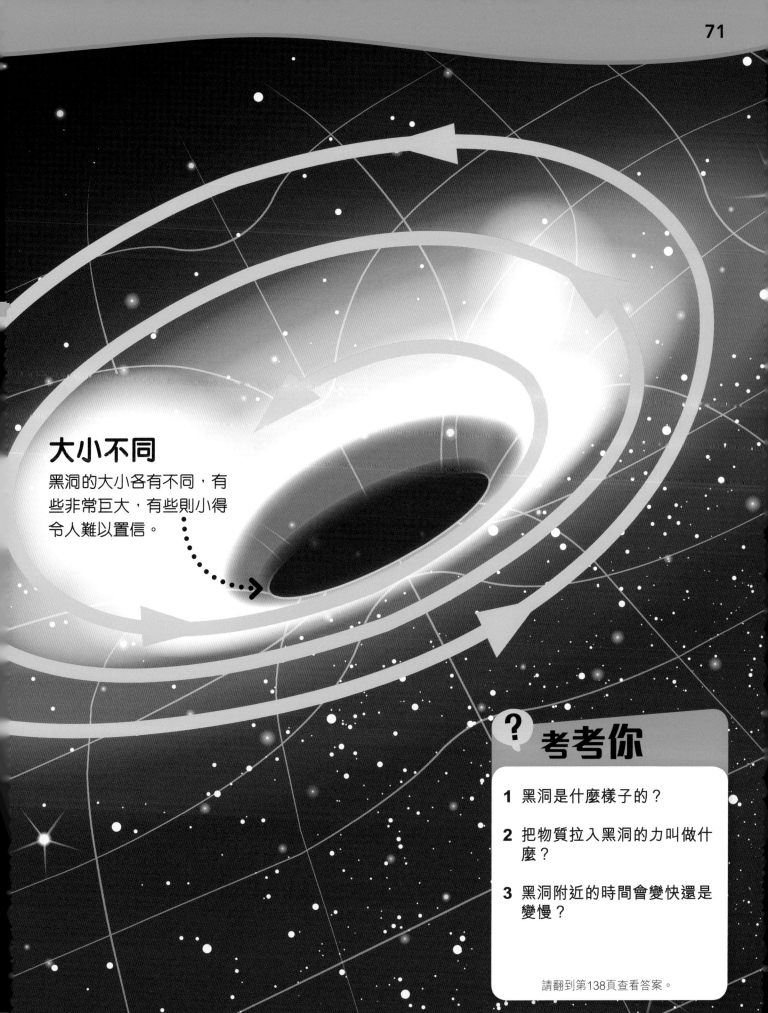

大小不同

黑洞的大小各有不同,有些非常巨大,有些則小得令人難以置信。

? 考考你

1 黑洞是什麼樣子的?

2 把物質拉入黑洞的力叫做什麼?

3 黑洞附近的時間會變快還是變慢?

請翻到第138頁查看答案。

主序星

一顆就像我們太陽一樣的主序星，在它死亡之前會一直保持着相同的大小和形狀大約100億年。

紅巨星

當一顆主序星接近生命的終點時，它會逐漸變大和變冷，成為一顆紅巨星。

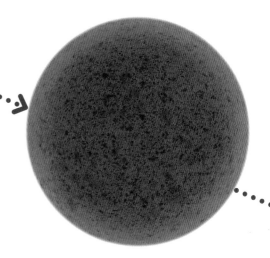

分子雲

分子雲是一團非常熾熱的氣體，是恆星誕生的地方。恆星是由氣體和塵埃組成，當有越多的氣體和塵埃，就會組成越大的恆星。

巨大質量恆星

巨大質量恆星與主序星的形成過程是一樣的，只是它們比主序星大很多，而且能量消耗也比較快，因此它們的壽命不會很長。

紅超巨星

這是宇宙中已知體積最大的恆星。當巨大質量恆星走向生命盡頭時，它們會變得越來越大和越來越冷，就成了紅超巨星。

當恆星死亡時會怎樣？

就像宇宙中的其他一切一樣，恆星從誕生開始，最終會死亡，有些恆星會非常安靜地死去，有些則以大爆炸來結束生命。從上圖看看不同的恆星在生命過程中是如何變化的。

行星狀星雲

隨着一顆紅巨星的燃料開始耗盡，它的核心會坍塌，並失去它的外層氣體，成為行星狀星雲。

白矮星

最後剩下的核心稱為白矮星，而科學家估計白矮星最終會冷卻成為黑矮星。

中子星

中子星是巨大恆星塌縮而形成的恆星殘骸，它們的直徑一般只有十數公里。

超新星

在紅超巨星的生命接近終結時，會發生劇烈爆炸，成為一顆超新星。爆炸會把恆星的外層向太空拋散，最後恆星的核心可能會變成中子星或黑洞。

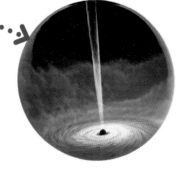

黑洞

耗盡能量的恆星核心會非常緊密地壓縮在一個無限小的空間，就形成了黑洞，沒有任何東西可以再從那裏逃脫。

我們何時最後看到銀河系中的超新星？

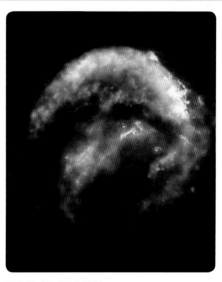

開普勒超新星

我們在400多年前最後一次看到銀河系中的超新星。那次超新星爆炸被稱為開普勒超新星，它比夜空中的任何恆星都要明亮，而且維持了數個星期。

? 考考你

1 一顆主序星最後會演變成什麼？
  a 超新星
  b 黑洞
  c 白矮星

2 以下哪個是體積最大的恆星？
  a 白矮星
  b 中子星
  c 紅超巨星

請翻到第138頁查看答案。

銀河系是什麼形狀的？

宇宙中約有2,000億個星系。

我們的太陽系位於銀河系。星系中包含無數的行星和恆星不斷在太空中旋轉，每個星系都可以容納很多像太陽系的系統在其中。銀河系是一個螺旋星系，它的旋臂是由恆星聚集的星團組成。

星系還有哪些形狀？

橢圓星系

橢圓星系是蛋形的，沒有旋臂。已知宇宙中最小和最大的星系都是呈橢圓形的。上圖是一個在1781年被發現的橢圓星系，命名為M87。

不規則星系

沒有特定形狀的星系稱為不規則星系，它們有各種不同的形狀和大小。上圖所顯示的星系稱為NGC 1569，就是其中一個例子。

閃亮的旋臂

旋臂充滿了很多非常明亮的年輕恆星，這使旋臂明亮地閃耀着。

塵雲

星系不僅由恆星組成，而且還有大量的塵埃和氣體。

銀河系

從側面看，銀河系呈條狀。

中心

星系中的所有恆星
都繞着一個中心點旋
轉，在大多星系中，
中心存在着一個超大
質量黑洞。

? 考考你

1 星系的旋臂是由什麼構成
的？
a 恆星
b 行星
c 黑洞

2 沒有特定形狀的星系叫做什
麼？
a 螺旋星系
b 橢圓星系
c 不規則星系

請翻到第138頁查看答案。

為什麼星星會一閃一閃的？

在一個晴朗漆黑的晚上，你可以看到天空中有數百顆星星在閃爍。但事實上星星並沒有閃爍，它們只是看起來好像在閃爍，因為我們是透過地球厚厚的大氣層觀察它們。

一閃一閃小星星

恆星離地球很遠，使它們看起來好像是天空中的微小光點。從恆星發出的光在穿過地球大氣層時會產生散射，不是以直線進行。光進行的方向改變了，令它們看起來就好像在閃爍一樣！

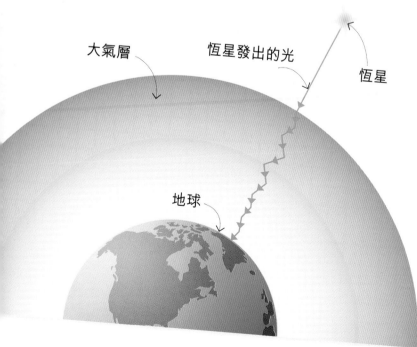

大氣層

恆星發出的光

恆星

地球

星星的圖案

一組組的恆星在夜空中組合出不同的形狀和圖案，稱為星座。圖中這個星座稱為獵戶座，獵戶座很容易被辨認出來，因為那3顆位於中間的恆星就是獵人的腰帶。

你還能在夜空中看到什麼？

行星

在一年中的不同時間裏，你可以在夜空中看到不同的行星，上圖中所顯示的是金星和火星。

月球

你在夜空中看到最明亮的天體是月球。如果你仔細觀察它的話，你可以看到在它表面上的黑暗平原。

? 考考你

1 你能在夜空中看到行星嗎？

2 恆星組合出來的圖案叫什麼？

3 你在夜空中看到最明亮的天體是什麼？

請翻到第138頁查看答案。

太陽系外有行星嗎？

當你抬頭觀看夜空時，大多數你所能看到的恆星，都至少有一顆圍繞着它們公轉的行星。我們的太陽系外有很多行星，而且還會陸續地發現更多的行星。

什麼是星際行星？

CFBDSIR 2149－0403

有一些行星獨自穿越太空，它們不會繞着恆星公轉，這類行星被稱為星際行星，例如下圖的CFBDSIR 2149-0403。

繞着其他恆星公轉的行星稱為系外行星。

開普勒 62f

這顆系外行星比地球大，距離地球約1,200光年。這顆恆星遙遠得以致無法拍攝任何照片，因此科學家只可以利用他們的研究，繪畫出他們認為該行星的樣子。

水世界

開普勒 62f 圍繞它的母恆星開普勒 62 公轉一圈需要267天，它的軌道位於恆星的適居帶，因此科學家認為這顆行星可能被水覆蓋着。

? 考考你

1 其他恆星有行星嗎？

2 什麼是星際行星？

3 繞着其他恆星運行的行星叫什麼？

請翻到第139頁查看答案。

宇宙中最明亮的天體是什麼？

類星體是宇宙中最明亮的天體，它們的能量來自被稱為超大質量黑洞的巨大黑洞，無論恆星、氣體和塵埃都會被它向內拉，有些類星體可以比整個銀河系明亮數百倍。

發光噴流

類星體會釋放出巨大的能量，物質會向外爆發形成噴流。

遙遠之處

類星體存在於遙遠星系的中心。雖然它們非常明亮，但是因為它們的距離實在太遠，如果沒有功能強大的望遠鏡仍是看不到它們的。

類星體通過望遠鏡來看時會像什麼？

3C 273

左圖是哈勃太空望遠鏡拍攝的類星體照片，3C 273是首個被確認的類星體，從這個類星體發出的光需要超過25億年才到達地球。

類星體碰撞

太空有一對藍色類星體，距離地球超過46億光年，被拍攝到正在進行合併。

類星體是宇宙裏其中一些最遙遠的天體！

黑洞

在類星體的中心有一個超大質量黑洞，它比太陽大很多倍，有類星體更被發現它的中心有兩個黑洞！

吸積盤

這是一個被慢慢吸入黑洞的物質盤。

? 對或錯？

1 在類星體的中心至少有一個黑洞。

2 類星體不太明亮。

3 類星體會釋放出巨大的能量。

請翻到第139頁查看答案。

太空探索

數千年來，人們一直對太空非常着迷。人們不斷發明新機器來幫助他們到達更遠的太空去，更深入地了解宇宙。

我們如何研究太空？

我們可以使用望遠鏡來觀看太空，還可以利用望遠鏡來仔細地觀看行星和月球，並尋找遙遠的恆星和星系。地球上有很多望遠鏡在觀測太空，而且還有一些望遠鏡在太空圍繞着地球運行。

激光

地球的大氣層會令太空中的影像變得模糊不清，這台望遠鏡能射出一道強大的激光進入太空，糾正因大氣層所造成的影像模糊問題。

望遠鏡的構造

其中一種最常見的望遠鏡類型是反射望遠鏡。來自物體如月球的光線會經過望遠鏡頂部進入望遠鏡，並由幾個不同角度的鏡子反射出來，這樣就可以產生一個比肉眼看得更清晰的影像。

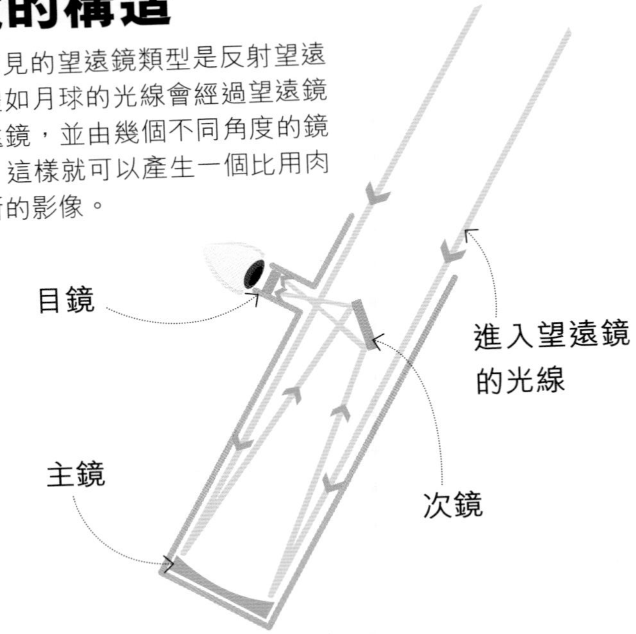

進入望遠鏡的光線

次鏡

目鏡

主鏡

望遠鏡是什麼時候發明的？

伽利略‧伽利萊

1609年，意大利天文學家伽利略‧伽利萊創建了他自己的望遠鏡，那是改良了漢斯‧李普希發明的版本。伽利略略利用它發現了很多事物，例如月球表面的山脈和山谷。

考考你

?

1 什麼是望遠鏡？

2 伽利略‧伽利萊在什麼時候製造了他的望遠鏡？

3 金星望遠鏡的主鏡有多闊？

請翻到第139頁查看答案。

金星望遠鏡

金星望遠鏡是位於南美洲智利那4台觀測太空的超大型望遠鏡之一。它的主鏡闊超過8米，和網球場一樣闊！

第一批太空探險家是誰？

早期的太空探險家就是第一批乘坐火箭的人，他們從數百公里以外的太空看地球，並感受到失重的滋味。他們是太空旅行的先鋒！

尤里·加加林

首位進入太空的人是尤里·加加林。1961年4月12日，這個俄羅斯人乘着太空船東方1號繞着地球飛行了1小時48分鐘。

首位
進入太空
的女性

首位
進入太空
的男性

華倫天娜·泰勒斯可娃

1963年，俄羅斯人華倫天娜·泰勒斯可娃成為了首位涉足太空的女性。她在3天的飛行中圍繞地球飛行了48圈。

阿波羅8號任務人員

在1968年美國人吉姆·洛弗爾、比爾·安德斯和弗蘭克·博爾曼執行圍繞月球航行的任務,成為首批離開近地軌道的人。

首批離開近地軌道的人

阿波羅11號任務人員

1969年,美國人尼爾·岩士唐和巴斯·艾德林成為首批在月球上漫步的人,而米高·科林斯共同參與這次任務,但負責留守在太空船上。

首批登陸月球的人

阿列克謝·列昂諾夫

1965年,俄羅斯人阿列克謝·列昂諾夫成為首位離開太空船並進行「太空漫步」的人,他在連接着太空船的情況下在太空中漂浮了12分鐘。

首次太空漫步

? 看圖小測驗

約翰·格倫曾兩次進入太空,第一次是在1962年,然後於1998年再次進入太空。你能猜出他打破了哪一項紀錄嗎?

請翻到第139頁查看答案。

有動物去過太空嗎？

不是只有人類才曾經探索過太空，首先被送入太空的其實是動物呢！牠們幫助我們了解到太空旅行對生物的影響。

2007年，一種叫做水熊蟲的小動物在外太空生存了10天！

果蠅

1947年，第一批進入太空的動物是果蠅，科學家想查出太空是否對牠們有害。

老鼠

1950年，美國科學家把老鼠送入太空，他們想了解更多關於生物怎樣應付太空環境。

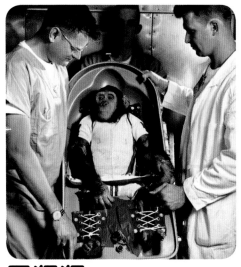

黑猩猩

一隻名叫漢姆的4歲黑猩猩在1961年被送上太空，在牠的返回艙墜落大西洋前，牠在太空中度過了16分鐘。

狗

1966年，俄羅斯科學家把兩隻分別叫做微風（左）和小煤（右）的狗一起送入太空。兩隻狗在安全返回地球前，牠們乘坐的探測器Cosmos 110在太空圍繞地球飛行了22天。

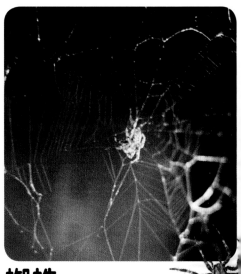

蜘蛛

兩隻分別叫做安妮塔和阿拉貝拉的蜘蛛於1973年被送上太空，測試牠們在那裏是否仍然可以織網。結果，兩隻蜘蛛很快便習慣了失重狀態，並編織起牠們的網。

萊卡

其中一位著名的
動物太空探險家是一隻
叫做萊卡的俄羅斯犬。
1957年，牠成為第一隻圍繞
地球運行的動物，牠的旅程
為人類的太空飛行
打好了基礎。

? 考考你

1 第一隻進入太空的狗叫什麼
名字？

2 第一批進入太空的是什麼動
物？

3 黑猩猩漢姆進入太空時是幾
歲？

請翻到第139頁查看答案。

1957年11月3日
太空犬萊卡

俄羅斯犬萊卡是在莫斯科街頭遊蕩的流浪狗，牠乘着史普尼克2號到太空，成為第一隻繞着地球運行的動物。

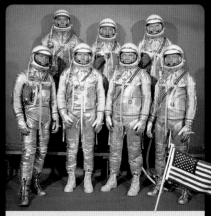

1959年4月9日
水星計劃7人

為了回應俄羅斯，美國公布了首批綽號「水星計劃7人」的太空人，他們都是美國最好的飛行員。

1957年10月4日
史普尼克1號衛星

史普尼克1號是第一顆被送入太空的人造衛星，它由俄羅斯人製造，繞着地球運行了3個月。

比賽從這裏開始！
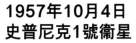
3……2……1……出發！

什麼是
太空競賽？

太空競賽是美國和俄羅斯之間對征服太空的一場比賽，
這場比賽代表人類正式展開探索太空的時代，這場競賽隨着
首位太空人成功在月球上漫步便告結束。

❓ 看圖小測驗

上圖是踏足月球的第一人，
他是誰？

請翻到第139頁查看答案。

1969年7月20日
首次登陸月球

美國是第一個也是暫時唯一一
個把人類送到月球上的國
家，尼爾·岩士唐和巴斯·
艾德林就是第一批在月球
上漫步的人。

1961年4月12日
尤里·加加林

俄羅斯人最先把人類送入太
空。太空人尤里·加加林便是
首位從太空看到地球的人。
他乘坐的太空船東方1號，
在108分鐘內成功繞着
地球運行了一圈。

1961年5月25日
甘迺迪總統

美國總統約翰·甘迺迪提出了
在1970年或之前要讓美國太空
人登上月球並安全返回的目
標。

1963年6月16日
華倫天娜·
泰勒斯可娃

俄羅斯人華倫天娜·
泰勒斯可娃成為首位
進入太空的女性。在
訓練成為一名太空人
之前，她是一名喜歡
跳傘的工廠女工。

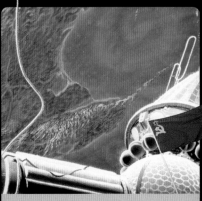

1965年3月18日
首次漫步太空

太空人阿列克謝·列昂諾夫成為首
位在太空船外進行太空漫步的人，
這是俄羅斯另一次的成功例子。

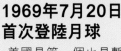

有多少人去過月球？

　　只有12人曾在月球上漫步，他們都是美國太空人，所有登月任務全是在1969年至1972年之間完成。由於月球沒有空氣，太空人為了能夠呼吸，他們必須穿上特製可供氧氣的太空衣。

巴斯・艾德林

在尼爾・岩士唐之後，巴斯・艾德林是第2個踏足月球的人，他採集了岩石樣本並進行實驗。

月球漫步者

以下這些太空人都擁有在月球上漫步的驚奇體驗，他們分別在 6 次阿波羅任務中登陸月球。

尼爾・岩士唐
阿波羅11號

巴斯・艾德林
阿波羅11號

皮特・康拉德
阿波羅12號

艾倫・比恩
阿波羅12號

艾倫・雪帕德
阿波羅14號

艾德加・米切
阿波羅14號

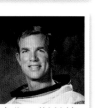

大衛・斯科特
阿波羅15號

占士・艾爾文
阿波羅15號

約翰・楊
阿波羅16號

查理斯・杜克
阿波羅16號

尤金・塞爾南
阿波羅17號

哈里遜・舒密
阿波羅17號

尼爾・岩士唐

這張照片是首位踏足月球的人尼爾・岩士唐拍攝的。你可以在巴斯・艾德林的活動面罩中看到他的倒影。

太空人在月球上做什麼？

駕駛月球車

一些太空人會在月球上駕駛一種叫月球車的特殊車輛，他們利用月球車來探索月球表面。

科學實驗

太空人在月球上進行了大量實驗，幫助科學家深入了解月球是如何形成的。

? 考考你

1 有多少人曾在月球上漫步過？

2 誰是最後一個在月球上漫步的人？

3 月球上有空氣嗎？

請翻到第139頁查看答案。

火箭是如何發射升空的？

　　火箭上有引擎，可透過燃燒液體或固體燃料產生熱氣，熱氣從火箭後部的引擎噴出，熱氣便產生推力推動火箭。這有點像當你把氣球中的空氣釋放出來時的情形：空氣向一個方向移動，氣球就會向相反方向移動。

要進入近地軌道，火箭必須從0加速到超過每小時28,000公里。

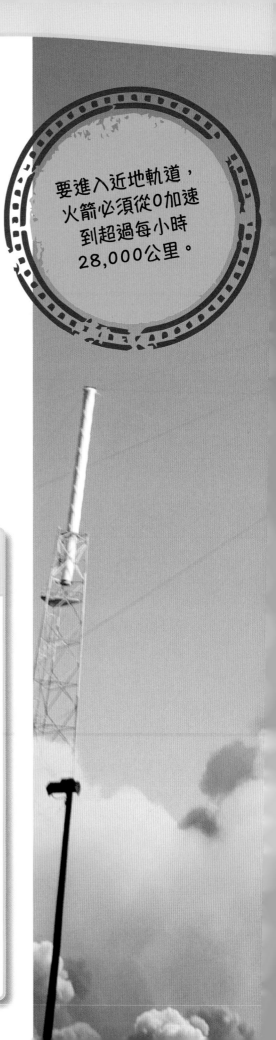

誰是第一代火箭科學家？

赫爾曼·奧伯特

奧伯特是一位羅馬尼亞科學家，被稱為「現代火箭之父」之一，他於1931年發射了歐洲第一枚液體燃料火箭。

羅伯特·戈達德博士

戈達德是一位擁有發明天分的美國人，他因成功測試和製造第一枚使用液體燃料的火箭而聞名。

耗盡燃料後分開

大多數火箭是由 2 至 3 節組成，當火箭耗盡了所有的燃料時，它便會分離以減少額外的重量。

避雷塔

在發射台周圍的這些高塔設計，是用來防止火箭在準備發射時被雷電擊中。

熱氣

當火箭發射時，你可以看到大量熱氣從火箭底部噴出來。

? 考考你

1 火箭發射時會有大量熱氣從哪裏噴出？

2 大多數火箭有多少節？

3 發射台周圍的高塔有什麼用途？

請翻到第139頁查看答案。

7. 墜落

在太空船重新進入地球大氣層後會打開降落傘，讓太空人可以安全地墜落在海洋。

6. 重返地球

當他們靠近地球時，載人太空艙會與太空船的其他部分分離，載人太空艙的隔熱罩可保護它不會在進入大氣層時燒毀。

1. 升空

土星5號火箭從佛羅里達州的甘迺迪太空中心發射升空，它載着3名太空人和阿波羅太空船，一起前往太空。

2. 到月球去

在太空中，太空船的主要部分會與火箭分離，艙蓋會打開以露出登陸月球用的登月艙，太空船轉向後再與登月艙對接。

多久才可抵達月球？

在1969年至1972年的阿波羅登月計劃期間，太空人從地球到月球去需時3天，而每次的任務都是循着相同的路徑環繞月球，然後返回地球。

? 對或錯？

1　在阿波羅任務期間，整艘太空船會降落在月球上。

2　太空人在阿波羅任務中需要10天才到達月球。

3　降落傘可以幫助阿波羅任務中的太空人安全返回地球。

4　當太空船接近月球時會減慢速度，為登月作準備。

請翻到第139頁查看答案。

你能從月球上看到地球嗎？

地出

左面這張地球從月球上升起來的照片是由阿波羅8號的太空人拍攝的，一些去過月球的太空人形容地球看起來就像是天空中的一顆「藍色彈珠」。

4. 登陸月球

進入月球軌道後，登月艙和兩名太空人便會一起脫離主船，準備登陸月球。他們安全着陸後，就準備展開月球漫步了。

3. 減慢速度

當太空船接近月球時，它會減慢速度，太空人則為他們的登月之旅做最後準備。

5. 回航

當他們準備回航時，登月艙和裏面的太空人會與主船會合，部分登月艙會被棄置在軌道上，然後太空人會啟動引擎離開月球軌道。

太空人是如何受訓的？

　　進入太空並不是一件容易的事，需要多年的培訓。太空漫步是令太空人感到最興奮的一項工作，他們會在水底下工作來進行這項訓練，因為這有點像置身於太空中的感覺。

太空人還會在哪裏進行訓練？

嘔吐彗星
太空人透過坐進一架稱為減重力飛機的特殊飛機飛行，來練習在太空中失重的感覺。這種飛機還有一個綽號叫「嘔吐彗星」，因為它會令一些太空人感到不舒服！

虛擬實境
虛擬實境是由電腦創造出來的數碼世界，實習太空人在前往太空前，會佩戴虛擬實境護目鏡來練習執行任務。

太空人培訓師
這人是太空人培訓師，他指導太空人完成水底任務。

太空衣
太空人在進行訓練時已經會穿上具有保護功能的厚重太空衣，有助他們習慣以這樣的裝束進行真正的太空漫步。

太空人在每節的訓練，可能要待在水底下長達7小時。

太空人

太空人需要擁有強健的身體及良好的視力，才能進入太空，很多太空人更同時是科學家或工程師。

? 對或錯?

1 太空人往太空前只需進行一星期的訓練。

2 太空人在太空中不能夠戴眼鏡。

3 太空人在「疾病彗星」中練習漂浮。

請翻到第139頁查看答案。

為什麼太空人
需要穿太空衣？

太空沒有空氣可以呼吸，而且太空的溫度可以笑

然從非常熱變成非常冷。為了生存，當太空人身處太

空船外的時候，他們必須穿上特殊的太空衣。

頭盔和活動面罩

頭盔的主要部分是透明塑膠材料，能保護太空人的頭部。頭盔還附有一個特殊的活動面罩，可以保護太空人的眼睛免受太陽有害的射線傷害。

水袋和吸管

太空漫步有時會持續數小時，因此太空人會感到口渴！這時，他們可以透過頭盔內的吸管來喝水。

通訊裝置

在太空漫步的太空人身上都有通訊裝置，因此他們可以與其他太空人和地球上的支援團隊

請翻到第139頁查看答案。

對或錯？

1 首位在太空漫步的人是阿列克謝‧列昂諾夫。

2 太空人的太空衣上有特殊的活動面罩。

3 救生衣可以幫助陷入困境的太空人。

背包

背包包含了太空人的生命保障系統，它裝有讓太空人可以呼吸的氧氣及提供電力的電池。

太空衣內層

太空衣分很多層，有幾層可以幫助太空人保暖，另外幾層則幫助他們散熱。

內褲

太空人置身於艙外時不能脫掉太空衣上廁所，因此他們需穿上可以吸收液體的吸濕內褲。

救援裝置

救援裝置由太空衣手臂上的控制桿操縱，它設有噴射推進器，可以把陷入困境的太空人推回到太空船安全的地方。

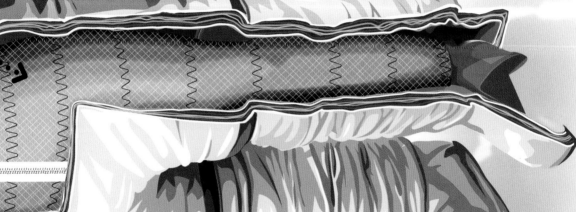

太空漫步英文簡稱為EVA，意思是「艙外活動」。

太空衣是如何演變的？

「水星」太空衣

這套銀色的太空衣是美國首批太空人穿過的，這批太空人被稱為「水星計劃的7人」，他們會在太空船內穿着這套太空衣。

未來太空衣

人類計劃派人登陸火星，所以為這個任務製造新的太空衣。這些太空衣會用最新的技術製造，比現有的先進得多。

什麼是太空穿梭機？

太空穿梭機是有史以來第一個可以重複使用的太空船。美國太空總署30年前已用它把太空人送入太空。太空人曾經乘搭它協助建造國際太空站、修復哈勃太空望遠鏡，以及完成了許多重要的科學實驗。

太空穿梭機內部是怎樣的？

駕駛艙

駕駛艙內有5台附有大量顯示屏和控制按鈕的電腦，它們可以幫助太空人駕駛太空穿梭機。

外出

太空人可以離開主艙到其他艙工作。不過他們必須穿上太空衣，以保護他們免受惡劣的太空環境影響。

燃料缸

用於諸存太空穿梭機主發動機的液體燃料。

居住空間

太空人生活和工作的地方。在發射和降落時，駕駛員和指揮官會坐在太空穿梭機駕駛艙的前面。

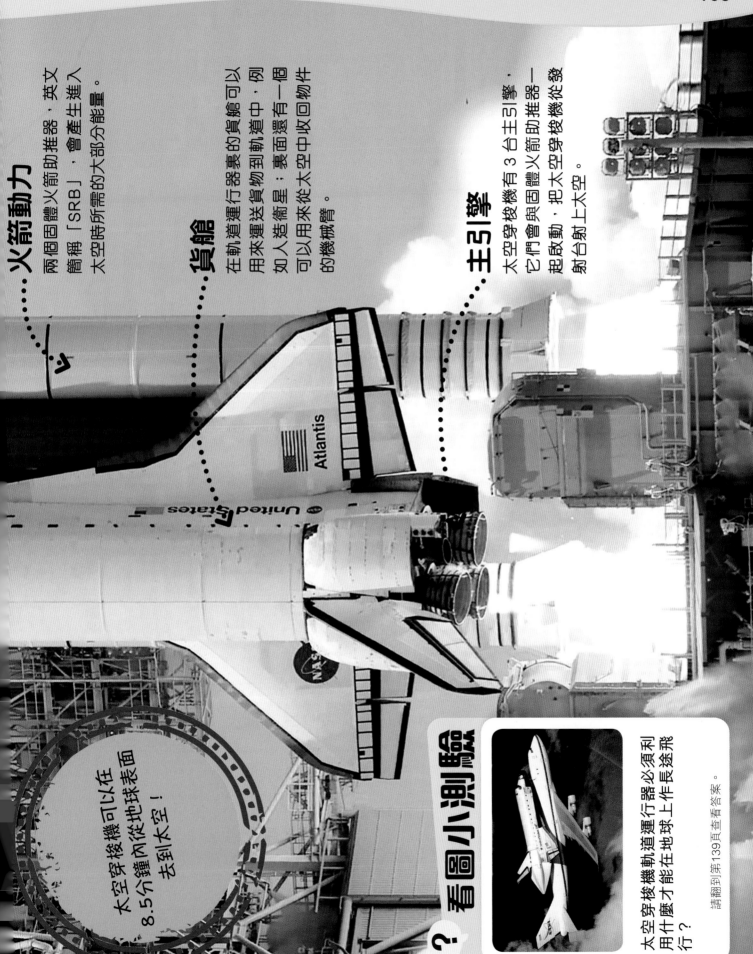

火箭動力

兩個固體火箭助推器，英文簡稱「SRB」，會產生進入太空時所需的大部分能量。

貨艙

在軌道運行器裏的貨艙可以用來運送貨物到軌道中，例如人造衛星；裏面還有一個可以用來從太空中收回物件的機械臂。

主引擎

太空穿梭機有 3 台主引擎，它們會與固體火箭助推器一起啟動，把太空穿梭機從發射台對上太空。

太空穿梭機可以在 8.5 分鐘內從地球表面去到太空！

看圖小測驗 ?

太空穿梭機軌道運行器必須利用什麼才能在地球上作長途飛行？

請翻到第139頁查看答案。

準備離開

即將離開的太空人會跟太空站道別，然後關上聯盟號太空船的艙口。當聯盟號準備就緒，便會正式脫離太空站，把他們安全地送回家。

回家路上

聯盟號的返回艙與太空船分離並離開軌道，當返回艙重新進入地球的大氣層時，有一個特殊的隔熱層可以保護它，在着陸前15分鐘降落傘就會打開。

着陸

在着陸前的瞬間，引擎會啟動以減輕衝擊力。太空人也會坐在特別製造的座椅上，使他們在着陸時盡可能感到舒適。

太空人如何返回地球？

太空人可以乘坐如聯盟號的太空船來回地球和國際太空站之間，這艘太空船可以容納 3 名太空人，從太空站返回地球大約需要 3 個半小時。

? 考考你

1 太空人乘坐聯盟號太空船返回地球需要多長時間？

2 太空人從太空返回地球後有什麼需要適應？

3 聯盟號太空船上的降落傘會在什麼時候打開？

請翻到第139頁查看答案。

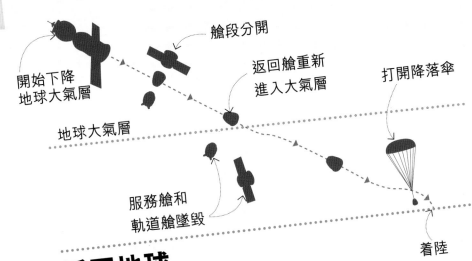

開始下降
地球大氣層

艙段分開

返回艙重新
進入大氣層

打開降落傘

地球大氣層

服務艙和
軌道艙墜毀

着陸

返回地球

在返回地球的過程中，聯盟號太空船必須從
每小時27,000公里減速到0！

回到地面

太空人現在已離開了返回艙
回到地球上。但由於他們在
太空逗留了一段長時間，需
要一點時間才能適應地球的
重力。

地面支援人員

有一隊人會追蹤返回艙的
着陸位置，並趕緊去找太
空人，幫助太空人離開。

太空穿梭機是如何降落的？

跑道終點

當太空穿梭機回航返回
地球時會像滑翔機般滑
翔，然後在跑道上着
陸。一種特殊的錐形降
落傘可以幫助它着陸後
減慢速度。

太空人在太空中住在哪裏？

　　國際太空站是太空人在太空中居住、睡眠、做運動和工作的地方。它是在太空中最大的人造飛行物體，也是更深入探索太陽系的重要一步。

希望號實驗艙

日本希望號實驗艙是國際太空站裏其中一個進行實驗的地方，這個實驗艙提供了一個可供太空人進行站外實驗的空間。

太陽能板

太空中最好的能量來源是太陽，太陽能板可以用來收集太陽光，然後把它轉化為電能。

聯盟號太空船

聯盟號太空船可以載人往返國際太空站，所以太空人要返回地球時，他們就會乘坐聯盟號太空船。

溫度控制

國際太空站配備了溫度控制系統，以保持太空站內的溫度能令太空人感到舒適。如果沒有它，太空站朝向太陽的一面，其溫度可以高達攝氏120度；而背向太陽的一面，其溫度則可能會低至攝氏零下150度。

星辰號服務艙

星辰號服務艙是國際太空站上的俄羅斯組件，它提供了生命保障系統，以及供兩名太空人使用的生活區。

太空人在太空中做什麼？

太空漫步

太空人有時候會進行太空漫步，為國際太空站的外部進行修理和保養。

科學實驗

太空人會研究物質及生物在太空的環境中是怎麼樣，他們的研究成果有助改善我們在地球上的生活。

？ 考考你

1 如果不控制溫度的話，國際太空站可以有多熱？

2 太空站上的太陽能板有什麼用途？

3 希望號實驗艙提供了什麼的空間？

請翻到第139頁查看答案。

為什麼
太空人會在
太空中漂浮？

在太空中，太空人不會像地球上的人可以在地上行走，但他們可以在空中漂浮！因為他們不會受到地心吸力的影響，這種狀態稱為微重力，它會令物體好像沒有重量一樣。

漂浮的食物

任何沒有被固定的物件都會四處漂浮，包括太空人的食物！

在太空中，仍然存在着重力，只是太空人不太感受到它存在。

? 考考你

1 什麼是微重力？

2 人類可以在地球上漂浮嗎？

3 你可以在月球上漂浮嗎？

請翻到第139頁查看答案。

超級力量

微重力狀態使太空人貌似非常強壯，因為他們可以抬起一台他們在地球上根本無法移動的大型器材。

太空人在太空中如何保持身體強健？

鍛煉身體

在微小重力的影響下，一個人的骨骼和肌肉會很快變弱。因此，太空人每天都要做運動以保持身體健康，並有助避免他們的身體在重返地球後因重力而產生問題。

睡眠區

在太空中，沒有上和下的分別，太空人可以把睡袋固定在他們想要睡覺的地方，甚至綁在天花板上也可以！但他們必須把自己和睡袋也綁在一起，否則他們還是會漂走。

在太空中吃什麼？

　　在太空生活的太空人一天也需要吃三餐，他們所吃的食物與我們的相似，但需要以不同的方式來「煮熟」和食用。太空人不能吃像麵包這類酥脆的食物，因為掉下來的麵包屑可能會在周圍漂浮，阻塞太空船的通風口！

炮製晚餐

很多太空食品都是脫水食物。太空人需要把熱水注入包裝袋中，然後等待幾分鐘再吃。

太空人使用液體的鹽和胡椒，這樣鹽和胡椒的顆粒才不會四處漂浮，或進入他們的眼睛。

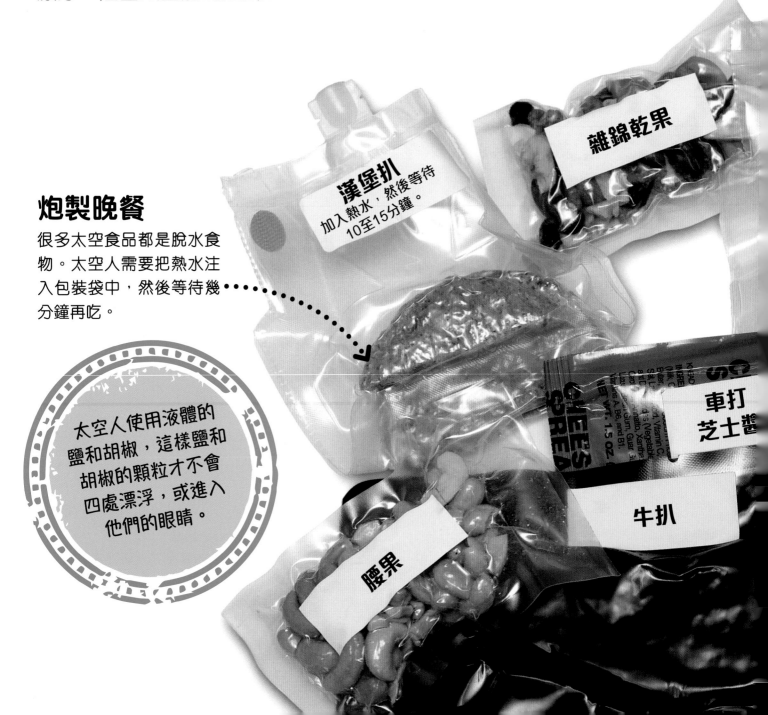

漢堡扒
加入熱水，然後等待10至15分鐘。

雜錦乾果

車打芝士醬

牛扒

腰果

哪些事情在太空中是難以做到的？

刷牙

在太空沒有自來水，因此太空人在清潔牙齒前要先浸泡牙刷。刷牙後，他們會把牙膏吞下，因為沒有地方可以吐出來。

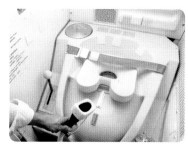

使用廁所

在太空上廁所的方式非常與別不同，太空人需要固定他們的雙腿，確保自己不會漂走。太空廁所的操作方式有點像吸塵器，能吸走人類的排泄物！

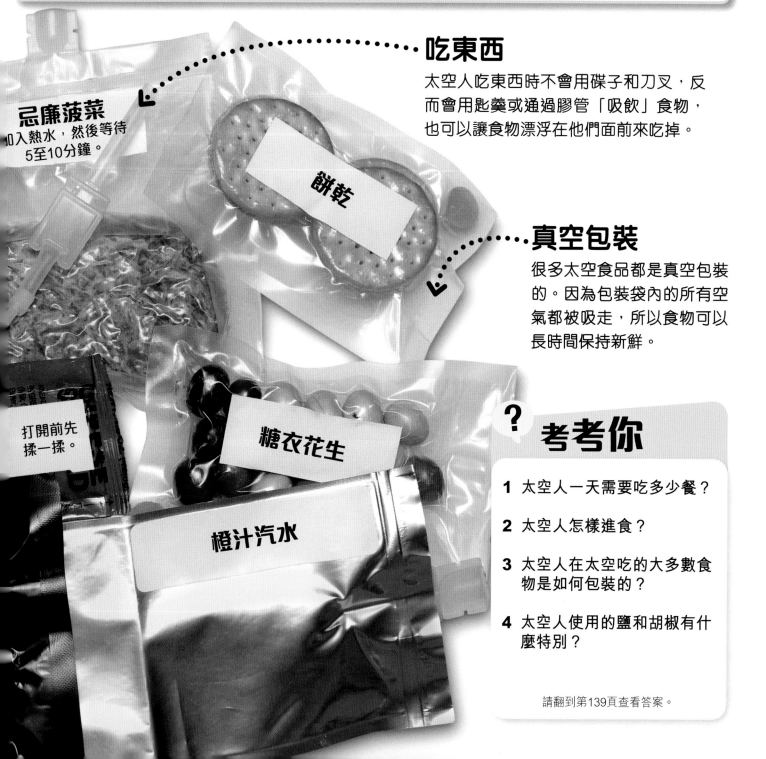

吃東西

太空人吃東西時不會用碟子和刀叉，反而會用匙羹或通過膠管「吸飲」食物，也可以讓食物漂浮在他們面前來吃掉。

真空包裝

很多太空食品都是真空包裝的。因為包裝袋內的所有空氣都被吸走，所以食物可以長時間保持新鮮。

忌廉菠菜
加入熱水，然後等待5至10分鐘。

餅乾

打開前先揉一揉。

糖衣花生

橙汁汽水

? 考考你

1 太空人一天需要吃多少餐？

2 太空人怎樣進食？

3 太空人在太空吃的大多數食物是如何包裝的？

4 太空人使用的鹽和胡椒有什麼特別？

請翻到第139頁查看答案。

什麼是任務控制中心？

如果沒有任務控制中心，太空人是不可能完成工作的。控制中心裏有很多人在工作，致力幫助進行太空任務和在太空中的太空人。任務控制中心全年無休，工作人員無時無刻都在工作。

任務控制中心裏有哪些人在工作？

太空艙通訊員
太空艙通訊員是在任務控制中心負責與太空人溝通的人，英文簡稱CAPCOM。

航空軍醫
航空軍醫是一名負責給太空人提供保持身體健康建議的醫生，如果太空人在太空中受傷，航空軍醫會告訴他們需要怎樣做使身體復原。

監察
在任務控制中心裏有很多大型顯示屏，讓工作人員可以密切關注太空船上及太空人的情況。

支援團隊
地面支援團隊的人員可以給在太空工作的太空人提供支援，他們可以在很多工作上協助太空人，包括太空漫步和進行實驗。

即時信息
任務控制中心的團隊從探測器收集數據，然後進行研究，以幫助他們決定下一次任務該如何做。

"ЗВЕЗДА"/ "ПИРС"/ "ПОИСК"/ "РАССВЕТ" / "СОЮЗ ТМА-05М" / "ПРОГРЕСС М-16М"/

					T	=	92.8 мин
	начало зоны	КВП	18:35:58	начало зоны	КВП	20:12:31	Hmax	= 427.9 км
	конец зоны	44	18:54:02	конец зоны	ЩЛК	20:23:50	Hmin	= 404.6 км
1081 /895 / 103 / 85 / 3	до начала зоны		00:14:23	до конца зоны		00:18:25	i	= 51.7°
	TDRSS	17:55:57	- 18:40:00					

МКС 33

С. Уилльямс(НАСА)
Ю. Маленченко (Роскосмос)
А. Хошиде (JAXA)

Е. Тарелкин (
О. Новицкий (
К. Форд (Н

Научная программа МКС-33

45 экспериментов

Медицина и биология
23

Физика
3

Технические
исследования
9

Геофизика,
зондирование
Земли 6

Образование
4

考考你

1 CAPCOM代表什麼？

2 航空軍醫的工作是什麼？

3 任務控制中心一天開放多少小時？

請翻到第139頁查看答案。

在太空發生問題時怎麼辦？

當太空人置身於太空時，事情不一定會按照計劃的進行。然而，很多在地球上的人會與太空人並肩作戰，幫助他們處理任何緊急情況，就像在阿波羅13號任務時遇到的……

阿波羅13號的旅程

在發現探測器有問題後，為了安全回來，阿波羅13號的太空人分秒必爭，他們需要利用月球的引力把他們安全地送回地球。

3. 為了返回地球，阿波羅13號繞過了月球背面。

4. 在靠近地球時，太空人點燃了降落火箭。

2. 在距離地球約320,000公里處，太空船起火了，登月任務被迫中止。

5. 着陸了！阿波羅13號於1970年4月17日安全地返回地球。

1. 阿波羅13號於1970年4月11發射升空。

任務成員

阿波羅13號原定是計劃中的第3次載人登月任務，參與這次任務的美國太空人是吉姆·洛弗爾、傑克·斯威格特和弗萊德·海斯。

發生什麼問題？

在前往月球的路上，氧氣罐的火花引起了爆炸。在這種情況下是不可能安全登月，太空人必須儘快返回地球。

解決問題

為了讓太空人能夠安全回來，有很多難題需要解決。任務控制中心的團隊人員非常努力地工作，以找到讓太空人安全回來的最佳方法。

如何保障太空人的安全?

聯盟號太空船

聯盟號太空船是俄羅斯研製的太空船,可以載着太空人來回國際太空站。如果太空人需要在緊急情況下離開國際太空站,他們也可以使用聯盟號太空船返回地球。

發射逃生系統

火箭上有一個發射逃生系統,如果火箭從地球發射後不久出現任何問題,發射逃生系統的引擎便會啟動,把載着太空人的太空艙安全地帶離火箭。

降落了

在登月任務中止的 3 天後,太空人終於成功降落在太平洋中,人們都歡迎這些英雄安全歸來。

? 對或錯?

1 阿波羅13號上有 4 名太空人。

2 阿波羅13號降落在月球上。

3 發射逃生系統有助確保太空人的安全。

請翻到第139頁查看答案。

我們登陸火星了嗎？

因為我們還沒有足夠的技術，所以人類仍未登陸火星。但是我們已派出探測器去探索這顆紅色行星。好奇號是美國太空總署的探測車，自2012年8月以來一直在探索火星，幫助我們了解火星是否有生命存在。

照相機

好奇號有17個鏡頭，它們拍攝了不同的火星照片，其中一些鏡頭充當了探測車的「眼睛」。

探索火星的下一步是什麼？

更多探測器

ExoMars火星車是計劃在2020年前往火星進行探測的火星探測車，它將鑽入火星地表，看看是否有生命存在。

人類的使命

人類計劃在本世紀派人到火星去，跟現在的探測車相比，由人類探測將可以發現更多關於這個行星的資訊。

車輪

寬闊輪子有助探測車抓住火星崎嶇不平的表面，但它們沒有橡膠輪胎，因為太容易被刺破了。

好奇號每秒只能移動3.8厘米。

看圖小測驗

這張照片是在火星日落時拍攝的，你能猜出照片中的白點是什麼嗎？

請翻到第139頁查看答案。

機械手臂

這條手臂上設有特別裝置，可以為地球上的科學家採集和檢驗火星上的岩石，它還像人類的手臂一樣擁有關節。

為什麼要把 人造衛星置於太空？

在地球上空有數以千計的人造衛星在運行，它們都是為了繞着地球運行而發射到太空的機器。人造衛星的用途很廣泛，例如幫助我們預測天氣、讓我們可以使用手提電話，以及從太空中拍攝照片。

天線

天線可以發出信號到地球，也可以接收來自地球的信號。

人造衛星還 可以做什麼？

勘測太空

部分人造衛星設計為望遠鏡，例如已退役的開普勒太空望遠鏡能夠探測太空，以尋找類似地球的行星。

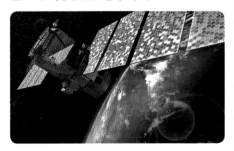

看看地球

很多人造衛星正觀察着地球。上圖中這顆人造衛星叫CALIPSO，它負責監測地球上的雲和大氣中的氣溶膠。

太陽能板

這兩塊扁平的、呈長方形的「翅膀」是太陽能板，它們利用太陽光來發電，為人造衛星設備提供電力。

人造衞星的運行速度非常快,有些人造衞星一天之內可以圍繞地球運行14次!

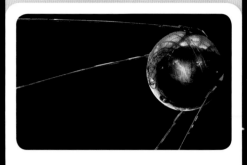

看圖小測驗

1957年10月,第一顆被送入軌道的人造衞星叫什麼名字?

請翻到第139頁查看答案。

碟形衞星天線

太空中有很多作通訊用途的人造衞星,它們的碟形衞星天線可以接收及傳遞電話、電視和互聯網的信號。

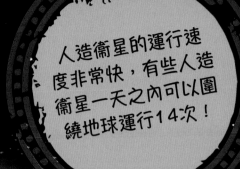

我們在太空航行了多遠？

人類曾經派探測器到訪過太陽系中的每個行星及矮行星冥王星；亦到訪過小行星帶，也曾登陸在彗星上，而且近距離看到了其他行星的衞星。

天王星

木星

木星

有幾艘探測器曾經到訪過木星，它們研究了木星的大紅斑，拍攝了許多木星衞星的照片，幫助我們更了解這顆氣態巨行星。

太空這麼大，探測器會迷路嗎？

會，有時會再次找到！
菲萊登陸器在登陸彗星後便失去了聯繫。然而，科學家後來發現它隱藏在彗星上一個懸崖的黑暗裂縫中。

太陽系外

航行者1號已經飛到遙遠的太空，已經飛離了我們的太陽系，不過它仍然不斷向地球的科學家傳回信息。

火星

這顆行星上布滿了探測器！這些被我們派往火星的可移動探測器正在尋找火星上的生命跡象。

冥王星

新視野號是唯一探索過冥王星的探測器。它發現了一個冰火山世界，在冥王星的地表下面可能還隱藏着一個液態海洋。

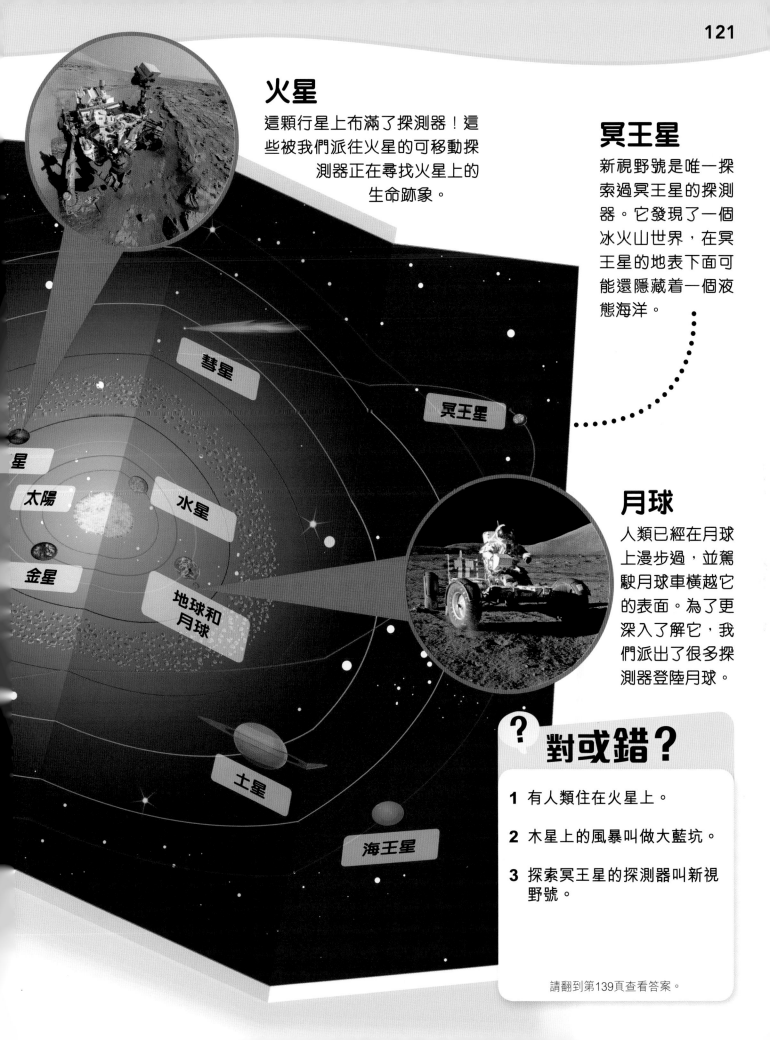

彗星

冥王星

星

太陽

水星

金星

地球和月球

土星

海王星

月球

人類已經在月球上漫步過，並駕駛月球車橫越它的表面。為了更深入了解它，我們派出了很多探測器登陸月球。

？ 對或錯？

1 有人類住在火星上。

2 木星上的風暴叫做大藍坑。

3 探索冥王星的探測器叫新視野號。

請翻到第139頁查看答案。

什麼是太空垃圾？

　　人類去過的每個地方都會留下垃圾，包括太空！太空垃圾就是我們送入太空的物件所遺留下來的廢物，在太空中有數以百萬計的太空垃圾正繞着地球運行，這些廢物可能是壞掉或是不再需要用的物件。

火箭部件

太空垃圾包括了用於把人造衞星發射到太空的火箭部件，這些部件會留在太空中並繞着地球運行。

? 看圖小測驗

你認為多久會有一塊太空垃圾墜落到地球上？

請翻到第139頁查看答案。

如何清理太空？

找到垃圾

地面上的大型望遠鏡十分強大，能夠探測到小至1厘米的太空垃圾的位置。

收集垃圾

左圖中的網格是在國際太空站外測試中的垃圾收集器。這些網格是由海綿狀的凝膠托盤組成，能清理繞着地球運行的微小太空垃圾。

太空人裝備

當太空人進行太空漫步時會「掉下」一些物品，這些物品會漂走，最後變成太空垃圾。

廢棄的人造衞星

太空中有很多老舊的人造衞星，有時候它們會相撞，造成更多太空垃圾！

宇宙裏還有其他人嗎？

到目前為止，我們只在地球上找到了生物，但宇宙中可能充滿了我們還沒發現的生物。一個名為「搜尋地外文明計劃」的組織正在試圖找出在宇宙裏是否還有其他人。

天體生物學是研究宇宙生物的學科。

掃視天空

科學家使用一組無線電望遠鏡探測天空，尋找可能來自太空的無線電信號。

艾倫望遠鏡陣

這系列無線電望遠鏡被稱為「陣列」，搜尋地外文明計劃利用它來搜尋可能來自宇宙其他地方的生命信號。

我們發送了什麼信息到太空去？

阿雷西博信息

這條信息向着一個有數十萬顆恆星的星團發送出去，是故意發送到太空去的強大信號，它包含了地球上生命的細節和人類的簡單線條圖案。

航行者金唱片

航行者1號和2號上帶着一張唱片，內容除了介紹探測器的來源外，還包括了來自地球生命的圖像和聲音。

? 看圖小測驗

科學家認為木衛二上可能有生命存在。它是繞着哪個行星公轉的？

請翻到第139頁查看答案。

無線電接收器

無線電接收器是望遠鏡的「耳朵」，用來接收來自太空的無線電波。

什麼是太空採礦？

太空裏充滿了對人類有用的東西，例如小行星上有我們可以用來製造火箭燃料的成分。在未來，人類可能會開採或挖掘小行星來尋找這些成分，幫助我們進一步探索太空。

一顆房子般大小的小行星，可能含有價值數千萬港元的金屬。

豐富資源

小行星上有很多珍貴的金屬，可以被開採並運回地球；還有氧氣可以用來為探測器製造燃料。

採礦探測器

特殊的探測器可以偵測出哪些小行星中含有可以被開採的物質。

在太空中還可以開採哪些地方？

月球

月球有被開採的潛力，未來的探測器甚至可以在前往其他行星的途中到月球補給燃料。

遙遠的世界

隨着我們對太陽系有更深入的探索，探測器就能夠到更遙遠的世界去開採有用的資源。

? 對或錯？

1 總有一天我們可以開採小行星。

2 在小行星中開採的氧氣可能對未來的太空人有用。

3 在小行星上可以找到一些金屬。

請翻到第139頁查看答案。

你可以去太空度假嗎？

到目前為止，去過太空的不足600人，他們當中只有少數人不是科學家。目前，有很多公司正在研發新的方法把我們送上太空度假。

或許有一天……

你可以從太空觀賞地球。而且，在未來人們可以涉足太陽系外更遙遠的世界。

首位太空遊客是美國人丹尼斯·蒂托。2001年，他付了超過1億6千萬港元去了一趟國際太空站！

護照

地球

來自木衛二的祝福

地球的面貌

我們還可以怎樣到太空去?

度假者

維珍銀河是少數開發太空船把遊客送入太空的公司之一。太空之旅將持續數小時,乘客可以在旅程中感受到失重的滋味。

太空巡航

這是由科技公司World View Enterprises製造的旅行者號,遊客會在密封艙內來一場高空氣球之旅,到達太空的邊緣。

? 考考你

1 誰是第一位太空遊客?

2 首位太空遊客為了到太空去花費了多少錢?

3 在未來,遊客可以如何到太空的邊緣去?

請翻到第139頁查看答案。

月球基地

未來的月球基地可以利用一些月球岩石來建造供太空人居住和工作的建築物。

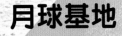

我們會重返月球嗎？

自1972年以來，人們就再沒有去過月球了。但從那時開始，我們派了探測器到月球，獲得了很多關於月球的資訊。太空人計劃在未來重返月球，並建立一個可以居住和工作的基地。

月球正以每年約4厘米的速率遠離地球。

? 考考你

1 人們什麼時候最後一次到訪月球？

2 人們在月球上如何呼吸？

3 充氣基地在哪裏進行測試？

請翻到第139頁查看答案。

太空衣

住在月球基地裏的人外出時，仍然需要穿上可供應空氣的太空衣，因為月球上沒有可供人呼吸的空氣。

未來的太空探索是怎樣的？

新型火箭

新型火箭將使人類能夠探索比以前更遙遠的太空。太空探索技術公司（SpaceX）的獵鷹重型運載火箭是其中一種新型火箭，當它可以發射升空時，將成為世界上最強大的火箭之一。

充氣基地

太空中的未來基地可以用特殊的材料製成，這些材料可以在太空中進行充氣，這個基地正在國際太空站進行測試。

詞彙表

Accelerate 加速
當某些東西（通常是交通工具）迅速加快速度時。

Altitude 高度
某物體在海平面或地面以上有多高。

Array 陣列
把某物體展示或排成一列。

Asteroid 小行星
圍繞太陽運行的小型岩石物體。

Atmosphere 大氣層
包圍行星的氣體層。

Atom 原子
存在的最小的粒子——萬物都是由原子組成的。

Aurora 極光
在某些行星的北極和南極自然發生的發光現象。

Big Bang 宇宙大爆炸
創造宇宙的巨大爆炸。

Black hole 黑洞
在太空中具有強大引力的天體，沒有任何東西能逃脫它，即使光也不能。

Comet 彗星
由塵埃和冰構成、繞着太陽運行的天體，隨着它越來越靠近太陽，會形成尾巴。

Constellation 星座
一組恆星所形成的特定圖案。

Corona 日冕
太陽的大氣層外層。

Cosmonaut 太空人
多用於稱呼隸屬俄羅斯航天機構的太空人。

Crater 隕石坑
由太空岩石撞擊行星或其他天體，並在其表面上造成的碗形凹痕。

Crew 任務團隊
在太空船工作的一組人員。

Dense 密集
當某些東西很厚，並緊密地擠在一起時，如濃霧。

Dwarf planet 矮行星
在太空中與行星相似但比行星小的天體，並且未清除鄰近的小天體。

Eclipse 日食/月食
當一個天體進入另一個天體的陰影裏時。

Exoplanet 系外行星
圍繞太陽以外的恆星運行的行星。

Galaxy 星系
一大組靠引力聚在一起的恆星、氣體和塵埃。

Glacier 冰川
在陸地上的巨大冰塊。

Gravity 引力
物體之間互相吸引的作用力。

Habitable zone 適居帶
恆星周圍具有適合生活條件的區域。

Ice cap 冰冠
通常覆蓋行星北極和南極的大面積冰雪。

Karman Line 卡門線
一條想像在地球表面以上100公里處的線，標誌着太空開始的位置。

Kuiper Belt 凱伯帶
位於海王星軌道以外，有大量冰和岩石的區域。

Light year 光年
光在一個地球年內可以行進的距離。

Lunar 月球的
用來描述與月球有關的事物。

Matter 物質
組成所有事物的原料。

Meteor 流星
當流星體進入地球大氣層並燃燒時，其間它會在天空中出現一道光。

Meteorite 隕石
降落在行星或衛星表面上的流星體。

Meteroid 流星體
穿過太空的岩石顆粒、金屬或冰。

Meteor shower 流星雨
當天空中有很多流星一起出現的情形。

Microgravity 微重力
當物體在太空中變成失重時。

Molecular cloud 分子雲
在太空中可以形成恆星的密集雲。

Moon 衛星
由岩石或岩石和冰形成，並圍繞行星或小行星運行的天體。

Nebula 星雲
太空中巨大的氣體和塵埃團，是恆星誕生的地方。

North pole 北極
在行星最北端的區域。

Nucleus 核心
彗星或黑洞等天體的中心且是最重要的部分。

Orbit 軌道
一個物體在引力的作用下繞着另一個物體運行的路徑。

Ozone layer 臭氧層
地球大氣層中的區域，能保護地表免受太陽有害的光線直接照射。

Parent star 母恆星
給圍繞它運行的行星提供熱和光的恆星。

Particle 粒子
組成固體、液體或氣體的極小單位。

Pioneer 先鋒
探索全新地方的第一人。

Planet 行星
繞着恆星公轉的大型球形天體。

Pressurised capsule 密封艙
用可供人類呼吸的空氣密封座艙。

Rogue planet 星際行星
不繞着任何恆星公轉的行星。

Rover 探測車
在行星或衛星表面上行駛的車輛。

Satellite 衛星
圍繞另一個較大的物體運行的物體。衛星可以是天然的（如岩石），也可以是人造的。

Solar flare 太陽閃焰
來自太陽表面巨大的能量爆發。

Space probe 太空探測器
專門用來研究太空並將信息發回地球的無人太空船。

Spacesuit 太空衣
太空人穿着的密封保護衣，可以在太空中保護他們。

Space station 太空站
一艘在太空運行的大型太空船，作為人類進行實驗的地方。

Spacewalk 太空漫步
太空人置身在太空船器外面的太空時，通常是為了修理或測試設備。

Star 恆星
巨大而且會發光的氣體球，它的核心能產生能量。

Sunspot 太陽黑子
在太陽表面出現的黑點。

Supernova 超新星
當一顆恆星死亡時，在太空中發生的爆炸。

Telescope 望遠鏡
用來觀察遠處物體的儀器。

Test pilot 試飛員
駕駛航空器以測試它們如何運作的駕駛員。

Toxic 有毒的
有損身體健康或可致命的。

Universe 宇宙
所有時空與其中的一切。

Vacuum 真空
沒有任何東西，甚至空氣也沒有的區域。

Virtual reality 虛擬實境
由電腦創造出來的環境。它好像是真實的，雖然看得到，但並沒有任何實體的東西。

Visor 活動面罩
頭盔的一部分，可以在臉上上下移動。

Wormhole 蟲洞
太空中可能存在的通道，可以連接兩個相隔很遠的地方。科學家尚未找到蟲洞，但認為它們是可能存在的。

大考驗！

誰最了解太空呢？用這些棘手的問題考考你的朋友和家人吧。請翻到第136至137頁查看答案。

問題

1. 哪兩顆行星擁有最多衛星？

4. **地球繞着太陽完成**一圈**完整**的軌道需要多少時間？

7. **太陽的年紀有多大？**

10. 什麼東西撞到**月球**並在它的表面形成**巨大的撞擊坑**？

2. **水星**和**金星**有衛星嗎？

3. **地球自轉的速度有多快？**

6. 太空中**最大的望遠鏡**是什麼？

5. 第一輛登陸火星的**火星車**是什麼？

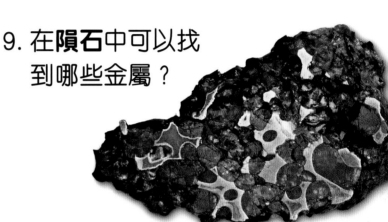

9. 在**隕石**中可以找到哪些金屬？

8. **哪一顆行星擁有最大的海洋？**

12. 在小行星帶中**最大的天體**是什麼？

11. **海王星的平均溫度**是多少？

13. **國際太空站**上最多可供多少人居住？

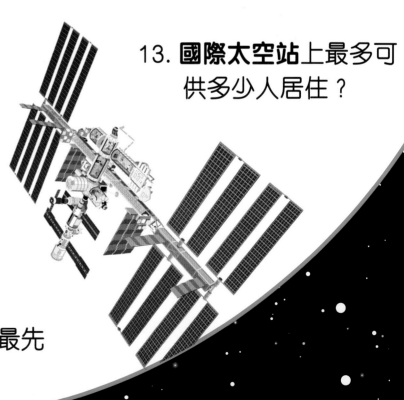

14. 你可以在**月球表面**上看到閃爍的星星嗎？

15. 哪一艘**探測器**最先登陸**彗星**？

答案

1. 土星和木星

4. 地球繞着太陽完成一圈完整的軌道大約需要365天。

2. **水星**和**金星**沒有任何衛星！

3. 地球自轉的速度高達**每小時1,670公里**。

5. 在1997年，**旅居者號**火星車成為第一輛**登陸**火星表面的火星車。

6. **哈勃太空望遠鏡。**

7. 太陽有**46億年**的歷史了。

9. 在隕石中可以找到的金屬有**鎳和鐵**。

8. 地球。

10. 隕石。

11. **海王星**的平均溫度約為攝氏零下214度，使它成為**太陽系中最冷的行星**。

12. 穀神星。

13. 國際太空站最多可以容納**6名太空人**生活和工作。

14. **不可以，因為月球上沒有大氣層。**

15. **菲萊登陸器。**

全書答案

第9頁
1 形成恆星的區域。
2 人們進入太空已經超過50年了。未來還計劃進行更多的太空任務。
3 是。地球和宇宙中的其他一切都在太空中。

第10頁
1 a。卡門線位於地球表面以上100公里處。
2 a。

第13頁
1 錯。宇宙大約有138億年的歷史。
2 對。
3 錯。宇宙仍然在膨脹中。

第15頁
1 銀河系。
2 太陽裏大約可以容納100萬個地球。
3 地球在太空中最近的鄰居是月球。

第17頁
1 海衛一。這顆衛星的温度可低至攝氏零下235度。
2 迴力鏢星雲。

第19頁
1 對。
2 對。
3 錯。月球繞着地球運行一圈需要27天7小時43分鐘。

第21頁
1 在太空漫步的太空人要配備通訊器，以便他們可以互相交談。
2 真空是一個沒有任何東西在裏面的區域。
3 沒有，太空中沒有空氣。

第25頁
1 a。
2 b。

第26頁
1 錯。太陽系中有 4 個岩石行星。
2 對。
3 對。

第28頁
藍鯨。

第30頁
地球。

第33頁
1 對。
2 錯。火星有北極和南極。
3 對。

第35頁
1 錯。木星、天王星和海王星也有環。
2 對。土星有很多環。
3 對。

第37頁
1 冥王星是一顆矮行星。
2 已發現了 5 顆矮行星。它們是穀神星、鬩神星、妊神星、鳥神星和冥王星。
3 冥王星有 5 顆衛星。

第39頁
1 太陽最熱的部分是它的核心。
2 太陽耀斑即太陽閃焰，來自太陽表面巨大的能量爆發。
3 地球距離太陽大約有1.5億公里。

第41頁
1 錯。月球繞着地球運行。
2 對。
3 對。

第43頁
1 通常只持續數分鐘，最長可持續7分鐘。
2 因為太陽光太猛烈了，任何人若不佩戴眼鏡直望太陽的話，可能導致失明。
3 日偏食。

第45頁
火星。

第47頁
1 流星體可以在太空中找到。
2 美國亞利桑那州。
3 隕石是一塊落在地球上的太空岩石。

第49頁
1 對。
2 錯。是坦普爾－塔特爾彗星。
3 錯。它不是星星，而是一塊進入大氣層的太空塵埃或岩石。

第51頁
1 錯。只有當彗星經過太陽附近時，才會形成尾巴。
2 對。它通常被稱為彗核，但有時被稱為「髒雪球」。
3 錯。那個登陸器名為菲萊。羅塞塔號探測器在把最後的照片和數據發回地球後撞向了彗星，於2016年結束了它的任務。

第53頁
有。小行星艾女星有一顆叫艾衛的衛星（圖片中的小白點）繞着它運行。

第55頁
1 對。
2 錯。
3 對。

第57頁
1 對。而一年中觀賞它們的最佳時間是在冬季。
2 對。它們可能是綠色、紫色、粉紅色、紅色或黃色。
3 對。

第59頁
1 錯。水星是最接近太陽的行星。
2 對。
3 錯。金星被灰色的岩石覆蓋着。
4 對。

第63頁
這是一個螺旋星系。

第65頁
1 對。這些雲被稱為星雲。
2 錯。太陽大約有46億年的歷史。

第67頁
1 對。有紅巨星和藍巨星。
2 對。有紅矮星、白矮星、黑矮星和棕矮星。
3 錯。我們的太陽是一顆主序星。

第69頁
1 光速是每秒300,000公里。
2 來自太陽的光需要8分多鐘才到達地球。
3 國際太空站繞着地球運行一圈大約需要90分鐘。

第71頁
1 黑洞看起來不像任何東西，因為它是看不見的。
2 把東西拉入黑洞的力是引力。
3 黑洞附近的時間會變慢。

第73頁
1 c。
2 c。

第75頁
1 a。有些星系的旋臂是由恆星、塵埃和氣體構成的。
2 c。沒有特定形狀的星系稱為不規則星系。

第77頁
1 可以。你可以在夜空中看到行星。水星、金星、火星、木星和土星都是很明亮的行星，你不需望遠鏡也可以從地球上看到它們，並且在一年中的不同時間裏都可以看到它們。
2 恆星組合成的圖案是星座。
3 你在夜空中看到最明亮的天體是月球。

第79頁
1 有。其他恆星通常都有行星。
2 星際行星是不繞着恆星運行的行星。
3 繞着其他恆星運行的行星稱為系外行星。

第81頁
1 對。
2 錯。類星體是宇宙中最明亮的天體。
3 對。

第85頁
1 望遠鏡是一種我們可以用來觀察太空的設備。
2 伽利略在1609年製造了他的望遠鏡。
3 金星望遠鏡的主鏡超過8米闊。

第87頁
當約翰·格倫第二次進入太空時，他已經77歲了，使他成為史上進入太空年紀最大的人。

第89頁
1 第一隻進入太空的狗叫做萊卡。
2 第一批進入太空的動物是果蠅。
3 當黑猩猩漢姆進入太空時，他已經4歲了。

第91頁
首位踏足月球的人是尼爾·岩士唐。

第93頁
1 有12個人曾在月球上漫步。
2 尤金·塞爾南。他是第11個踏足月球的人，不過是最後一個離開月球的人。
3 沒有。科學家在月球上發現了一層薄薄的氣體，但沒有空氣。

第95頁
1 火箭底部。
2 大多數火箭由 2 至 3 節組成。
3 發射台周圍的高塔是用來保護火箭免受雷擊。

第96頁
1 錯。只有登月艙降落在月球上。
2 錯。太空人在阿波羅任務中需要3天到達月球。
3 對。降落傘有助引導阿波羅任務的太空人降落在安全的地方。
4 對。

第99頁
1 錯。太空人需要訓練多年的時間。
2 錯。很多太空人都是戴眼鏡的，只要他們戴着眼鏡時的視力是良好的，他們仍然可以去太空。
3 錯。太空人在「嘔吐彗星」練習。

第100頁
1 對。1965年，阿列克謝·列昂諾夫是首位進行太空漫步的人。
2 對。活動面罩可以保護他們的眼睛免受太陽有害的射線傷害。
3 錯。救援裝置可以幫助陷入困境的太空人。

第103頁
太空穿梭機軌道運行器必須靠飛機才能在地球上作長途飛行。

第104頁
1 太空人乘坐聯盟號太空船返回地球需要3.5小時。
2 太空人從太空返回地球後必須適應重力。
3 聯盟號太空船上的降落傘在降落前15分鐘會打開。

第107頁
1 如果不控制溫度的話，國際太空站的溫度可以高達攝氏120度。
2 太陽能板可以發電。
3 希望號實驗艙提供了一個可以在國際太空站外進行實驗的空間。

第109頁
1 微重力是一種置身於太空中的狀態，在那裏的人和物件好像沒有重量，能夠漂浮起來。
2 人類不能在地球上漂浮，因為重力把我們拉向地面。但是，我們可以漂浮在水中！
3 不，因為月球有自己的引力，只是比地球的引力弱得多。你在月球上的重量會變輕當你跳高時，你能夠比在地球上跳得高。雖然着地時間會比在地球上慢得多，但你不會漂走。

第111頁
1 太空人一天需要吃三餐。
2 太空人可以用匙羹，或通過膠管「吸飲」食物，或讓食物漂浮在他們面前來吃掉。
3 太空人在太空中吃的食物大多數都是真空包裝的。
4 太空人使用的鹽和胡椒都是液體的。

第113頁
1 CAPCOM代表太空艙通訊員。
2 航空軍醫是一名醫生，他給太空人提供保持身體健康的建議。
3 任務控制中心全年無休地開放。

第115頁
1 錯。阿波羅13號上有 3 名太空人。
2 錯。阿波羅13號在發射途中出現了事故，必須在登陸月球前返回地球。
3 對。發射逃生系統能把太空人安全地帶離火箭。

第117頁
白點是太陽。

第119頁
第一顆人造衞星叫做史普尼克1號。

第121頁
1 錯。那裏只有人類派去的探測器。
2 錯。木星上的風暴叫做大紅斑。
3 對。新視野號於2015年探索過冥王星。

第122頁
每天至少有一小塊太空垃圾落到地球上。

第125頁
木衞二是繞着木星公轉的。

第127頁
1 對。
2 對。從小行星中開採的氧氣可用於製造火箭的燃料和很多其他東西。
3 對。在小行星上可以找到很多不同的金屬。

第129頁
1 丹尼斯·蒂托是第一位太空遊客。
2 丹尼斯·蒂托付了超過1億6千萬港元去參觀國際太空站。
3 在未來，遊客可以乘坐高空氣球（如旅行者號）或太空船到太空的邊緣去。

第131頁
1 人們最後一次到訪月球是在1972年。
2 人們會穿着有空氣供應的太空衣，讓他們可以在月球上呼吸。
3 充氣基地正在國際太空站進行測試。有一個叫比奇洛擴展式活動艙（BEAM）的基地，可以在45分鐘內使它膨脹至原本尺寸的 5 倍。

中英對照索引

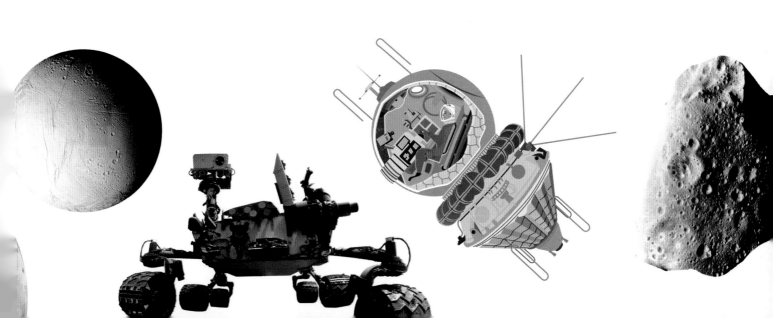

鳴謝

謹向以下單位致謝，他們都為這本書中付出良多：

Alex Beeden（校對）；Helen Peters（製作索引）；Peter Bond（顧問）；
Dr Matt Burleigh, University of Leicester（天文知識支援）

The publisher would like to thank the following for their kind permission to reproduce their photographs:

The (Key: a-above; b-below/bottom; c-centre; f-far; l-left; r-right; t-top)

4 Dorling Kindersley: Andy Crawford (cra). **5 Alamy Stock Photo:** ITAR-TASS Photo Agency (br). **NASA:** Sandra Joseph and Kevin O'Connell (c). **6 ESA / Hubble:** NASA, ESA, the Hubble Heritage Team (STScI / AURA), A. Nota (ESA / STScI), and the Westerlund 2 Science Team (bl). **6-7 NASA:** (t). **8 Dorling Kindersley:** Andy Crawford (cl); NASA (c). **NASA:** JPL-Caltech / MSSS (clb). **8-9 ESA / Hubble:** NASA, ESA, the Hubble Heritage Team (STScI / AURA), A. Nota (ESA / STScI), and the Westerlund 2 Science Team. **11 ESA:** ESA / NASA (fcra). **NASA. 12 NASA:** JPL / STScI Hubble Deep Field Team (bl). **14 NASA. 15 NASA. 17 NASA. 18 Alamy Stock Photo:** JG Photography (bl). **NASA. 19 Dorling Kindersley:** Jamie Marshall and Jamie Marshall. **20-21 NASA. 21 NASA:** NASA / JPL-Caltech (cra). **22-23 Alamy Stock Photo:** Stocktrek Images, Inc. **23 NASA:** NASA / JPL (ca). **25 NASA:** NASA / JPL-Caltech (cra); NASA / JPL-Caltech / STScI (cla). **27 NASA:** NASA / CXC / SAO / K. Poppenhaeger et al; Illustration: NASA / CXC / M. Weiss (cla); NASA / Ames / JPL-Caltech (cl). **28 Alamy Stock Photo:** David Fleetham (bl). **28-29 NASA. 29 NASA:** NASA / ESA / Hubble (cra). **30 NASA. 31 Alamy Stock Photo:** World History Archive (cra). Getty Images: NASA-JPL-Caltech - Voyager / digital version by Science Faction (cr). **32 NASA:** JPL-Caltech / Univ. of Arizona (cl). **33 ESA:** ESA / DLR / FU Berlin (G. Neukum) (br). **34-35 NASA:** NASA / JPL. **36 NASA:** NASA / JHUAPL / SwRI (cb). **37 NASA. 38 NASA:** NASA / SDO / AIA / Goddard Space Flight Center (c). **38-39 NASA:** NASA / SDO. **39 NASA:** NASA / SDO / HMI (bc). **40-41 Dreamstime.com:** Patryk Kosmider (b). **41 Dorling Kindersley** (ca). **NASA:** NASA / Goddard / Arizona State University. (c). **42 NASA:** NASA / Bill Ingalls (bl); NASA / SDO, AIA (bc). **42-43 Alamy Stock Photo:** Simon Stirrup. **44 NASA:** NASA / JPL / University of Arizona / University of Idaho (bc) (bl). **44-45 Getty Images:** NASA / Roger Ressmeyer / Corbis / VCG (t). **45 Getty Images:** Stocktrek RF (cb). **NASA:** NASA / JPL / University of Arizona (tr); NASA / JPL-Caltech / GSFC / Univ. of Arizona (crb). **46-47 Alamy Stock Photo:** Sindre Ellingsen (b). **47 Dreamstime.com:** Metschurat (ca); Nikkytok (cra). **48-49 Getty Images:** Haitong Yu (b). **49 Alamy Stock Photo:** RGB Ventures (cra); ZUMA Press, Inc. (cr). **50-51 Alamy Stock Photo:** James Thew. **51 NASA:** ESA (bc). **52 NASA:** NASA / JPL-Caltech / UCLA / MPS / DLR / IDA (bl). **53 NASA:** NASA / JPL (cra); NASA / JPL-Caltech / UCLA / MPS / DLR / IDA (bc). **54 NASA:** J. N. Williams, International Space Station 13 Crew, NASA (bc); JPL (clb); NASA / JSC Gateway to Astronaut Photography of Earth (bl). **54-55 NASA:** NASA / JPL-Caltech / Space Science Institute. **56 NASA:** NASA / JPL / ASI / University of Arizona / University of Leicester (cl); NASA, ESA, and J. Nichols University of Leicester (bl). **56-57 Alamy Stock Photo:** Stocktrek Images, Inc. **58 NASA:** NASA / JPL (cb). **59 ESA:** (cr). **NASA:** NASA / JPL (cra). **60-61 ESA / Hubble:** NASA, ESA / Hubble and the Hubble Heritage Team. **61 NASA:** NASA / Ames / JPL-Caltech (tc). **62 ESA / Hubble:** ESA / Hubble & NASA (bl). **62-63 ESA / Hubble:** NASA, ESA, and the Hubble Heritage Team (STScI / AURA)-ESA / Hubble Collaboration. **63 NASA:** JPL / Caltech (crb). **64-65 Getty Images:** Visuals Unlimited, Inc. / Dr. Robert Gendler. **65 ESA / Hubble:** NASA, ESA, M. Livio and the Hubble 20th Anniversary Team (STScI) (cra); NASA, ESA / Hubble and the Hubble Heritage Team (bc). **NASA:** NASA, ESA, and M. Livio and the Hubble 20th Anniversary Team (STScI) (cr). **67 ESA / Hubble:** NASA, ESA and H. Richer (University of British Columbia) (cra/dwarf). **NASA:** NASA, ESA, and K. Luhman (Penn State University) (cra). **68-69 NASA:** NASA / JPL-Caltech (b). **69 NASA. 70 NASA:** NASA, ESA, and D. Coe, J. Anderson, and R. van der Marel (STScI) (clb). **73 NASA:** NASA / ESA / Johns Hopkins University (cra). **74 ESO:** Chris Mihos (Case Western Reserve University) / ESO (cl). **NASA:** NASA, ESA, Hubble Heritage (STScI / AURA), A. Aloisi (STScI / ESA) et al. (clb). **75 NASA. 76-77 Alamy Stock Photo:** Drew Buckley. **77 Alamy Stock Photo:** Brickley Pix (cra); Dimitar Todorov (cr). **78 ESO:** ESO / L. Calada / P. Delorme / R. Saito / VVV Consortium (bl). **78-79 NASA:** NASA / Ames / JPL-Caltech. **80 ESA / Hubble:** ESA / Hubble & NASA (bl). **NASA:** -ray (NASA / CXC / SAO / P. Green et al.), Optical (Carnegie Obs. / Magellan / W.Baade Telescope / J.S.Mulchaey et al.) (bc). **82 NASA. 83 Getty Images:** Erik Simonsen (tl). **84-85 ESO:** ESO / B. Tafreshi (twanight.org). **85 Alamy Stock Photo:** GL Archive (cla). **86 Alamy Stock Photo:** ITAR-TASS Photo Agency (bl); SPUTNIK (cr). **NASA. 87 Getty Images:** Rykoff Collection (clb). **NASA. 88 Alamy Stock Photo:** Everett Collection Historical (clb); ITAR-TASS Photo Agency (cb). Dreamstime.com: Sebastian Kaulitzki (tr). **NASA. 89 Alamy Stock Photo:** SPUTNIK. **90 Alamy Stock Photo:** Heritage Image Partnership Ltd (cr). Getty Images: Sovfoto / UIG (ca). **NASA. 91 Alamy Stock Photo:** SPUTNIK (bc). Dorling Kindersley: Andy Crawford / Bob Gathany (c). **NASA.**

Science Photo Library: A.SOKOLOV & A.LEONOV / ASAP (cb). **92 NASA. 92-93 NASA. 93 NASA. 94 Alamy Stock Photo:** Photo Researchers, Inc (cb). Getty Images: SSPL (clb). **94-95 Alamy Stock Photo:** Reuters. **96 NASA. 97 NASA. 98 NASA. 98-99 NASA. 101 NASA. 102-103 NASA:** NASA / Sandra Joseph and Kevin O'Connell. **102 NASA. 103 NASA. 104 NASA. 104-105 Alamy Stock Photo:** NG Images (c). **105 Alamy Stock Photo:** Epa European Pressphoto Agency B.v. (br). **NASA. 107 NASA. 108-109 NASA. 108 NASA. 109 NASA. 110-111 NASA. 111 Getty Images:** Roger Ressmeyer / Corbis / VCG (cra). **NASA. 112 NASA. 112-113 NASA. 114 NASA. 115 NASA. 116 ESA. NASA:** NASA / Pat Rawlings, SAIC (clb). **116-117 NASA:** NASA / JPL-Caltech / MSSS. **117 NASA:** NASA / JPL / Texas A&M / Cornell (cra). **118 NASA. 118-119 Getty Images:** Erik Simonsen. **119 NASA. 120 ESA:** ESA / Rosetta / MPS for OSIRIS Team MPS / UPD / LAM / IAA / SSO / INTA / UPM / DASP / IDA; context: ESA / Rosetta / NavCam - CC BY-SA IGO 3.0 (bl). **NASA:** JPL (cb). **121 NASA. 122 NASA. 123 NASA. 124-125 iStockphoto.com:** Phototreat (b). **125 NASA:** JPL (ca); NASA / JPL-Caltech / SETI Institute (cra). Science Photo Library: (cla). **126-127 Planetary Resources. 127 Getty Images:** Photodisc / StockTrek (tr); Victor Habbick Visions (cra). **NASA:** NASA / Ames / SETI Institute / JPL-Caltech (cr). **128 NASA:** JSC (br); NASA / ESA / K. Retherford / SWRI (bl). **128-129 World View Enterprises, Inc. 129 Getty Images:** Virgin Galactic (cra). **130-131 ESA:** ESA / Foster + Partners. **131 Alamy Stock Photo:** SpaceX (bl). **NASA. 134 Dorling Kindersley:** NASA (bl). **134-135 NASA:** NASA / JPL (c). **136 NASA. 136-137 Dorling Kindersley:** (c). **137 Dorling Kindersley:** Andy Crawford (ca). ESO: ESO / L.Calada / NASA / JPL-Caltech / UCLA / MPS / DLR / IDA / Steve Albers / N. Risinger (skysurvey.org) (crb). NASA: ESA (cb). **138 Alamy Stock Photo:** SPUTNIK (bc). **139 Getty Images:** Stocktrek RF (clb). **NASA:** NASA / JPL-Caltech / MSSS (bc, fbr). **140 Dorling Kindersley:** Andy Crawford / Bob Gathany (bc). **141 Getty Images:** Erik Simonsen (fbl). **NASA. Science Photo Library:** A.SOKOLOV & A.LEONOV / ASAP (br)

Endpapers: NASA: ESA, and the Hubble Heritage Team (STScI/AURA)-ESA/Hubble Collaboration; Acknowledgment: D. Gouliermis (Max Planck Institute for Astronomy, Heidelberg).

Cover images: Front: **123RF.com:** Manjik tc/ (Jupiter); **Dorling Kindersley:** Andy Crawford cb, NASA bl; **NASA:** JPL / University of Arizona tl, JPL-Caltech crb, JPL-Caltech cr, SDO br; **Science Photo Library:** Lynette Cook tc; Back: **Alamy Stock Photo:** James Thew tr; **Dorling Kindersley:** NASA cr; **Dreamstime.com:** TMarchev tl; **Getty Images:** Erik Simonsen bl; Spine: **Dorling Kindersley:** Andy Crawford

All other images   Dorling Kindersley
For further information see: www.dkimages.com